普通高校研究生规划教材

物联网工程技术

王志良　付洪威
姚红串　于　泓　等编著

机械工业出版社

本书分两部分共 7 章：第一部分介绍了智能家居总体设计和软件工程方法与应用；第二部分介绍了智能家居中各功能模块的实现，包括智能家居网关服务系统、智能社区管理系统、基于安卓（Android）系统的移动端实例、智能手杖和家居服务机器人系统。本书还详细介绍了物联网智能家居系统的多个实训实例。

本书主要针对物联网工程综合实训，可作为物联网及电子科学与技术专业研究生教材，也可以作为计算机科学与技术、控制工程、通信工程、信息安全、智能科学与技术等相关专业的研究生教材，还可作为需要掌握物联网实际技能的爱好者的参考用书。

图书在版编目(CIP)数据

物联网工程技术/王志良等编著. —北京：机械工业出版社，2016.3
普通高校研究生规划教材
ISBN 978 - 7 - 111 - 52615 - 5

Ⅰ. ①物… Ⅱ. ①王… Ⅲ. ①互联网络 - 应用 - 研究生 - 教材 ②智能技术 - 应用 - 研究生 - 教材 Ⅳ. ①TP393.4 ②TP18

中国版本图书馆 CIP 数据核字（2016）第 001729 号

机械工业出版社（北京市百万庄大街22 号　邮政编码100037）
策划编辑：王　欢　责任编辑：王　欢
版式设计：霍永明　责任校对：黄兴伟
封面设计：陈　沛　责任印制：李　洋
北京圣夫亚美印刷有限公司印刷
2016 年 3 月第 1 版第 1 次印刷
184mm×260mm ·12 印张·295 千字
0001—3000 册
标准书号：ISBN 978 - 7 - 111 - 52615 - 5
定价：35.00 元

前　言

　　物联网（Internet of Things，IOT）自 1999 年由美国麻省理工学院自动标识中心（MIT Auto- ID Center）提出后发展迅速，逐步深入人们的生活。同时，物联网已成为国际新一轮信息技术竞争的关键，已上升为我国的国家战略。物联网建设是信息领域一次重大的发展和变革机遇，更是挑战。由于物联网概念涵盖了从终端到网络、从数据采集处理到智能控制、从应用到服务、从人到物等多个知识领域，涉及射频识别（Radio Frequency Identification，RFID）装置、无线传感器网络（Wireless Sensor Networks，WSN）、红外传感器、全球定位系统（Global Positioning System，GPS）、因特网（Internet）与移动网络、网络服务、行业应用软件等诸多技术，是一门覆盖范围很广的综合性交叉学科。因此，在物联网及相关专业硕士研究生的培养中，实践环节尤为重要。本书针对这一需求，可供物联网及电子科学与技术专业研究生选用，也可以供计算机科学与技术、控制工程、通信工程、信息安全、智能科学与技术等相关专业的研究生选用。

　　本书旨在让物联网及相关专业的硕士研究生深入了解物联网技术，通过这些物联网技术在实际中的应用，对所学知识有进一步的理解，并提高动手实践能力。本书是物联网专业教学实践过程中急需的一本知识覆盖面广并结合不同专业硕士研究生特点的实践型书籍。

　　本书实现了理论与实践相结合，在讲述相关理论知识的同时辅以实训案例，更有利于读者理解物联网各个方面技术，帮助读者对其中的知识和实训进一步深入学习和研究；实训既可独立完成，又相互联系，涉及物联网各个方面的技术，让硕士研究生在实训中对这些物联网技术有更深的感知。

　　本书以物联网智能家居实训平台为依托进行编写，首先让读者对物联网智能家居的结构和技术要求有个初步的认识，然后通过物联网家居综合实训系统的实例来阐述每一个功能模块在智能家居中的角色和代码实现方法。物联网智能家居作为一套较为完善的实训平台，其开发过程必须严格遵守软件工程的要求，才可以高效、顺利地进行。该平台通过智能家居网关服务系统实现远程控制及服务器管理的操作，在智能社区管理系统中实现友好交互及社区管理；为了保障家居安全，开发了移动客户端可以进行实时安防监控；在关爱老年人健康方面，还设有智能手杖和家居机器人的功能实现。全书共 7 章：第 1 章物联网智能家居系统，介绍了物联网和智能家居的起源、发展和市场，以及智能家居实验室的系统设计、功能及实际构成；第 2 章软件工程方法与应用，介绍了软件工程的理论知识，包括软件需求分析、软件设计、编码实现、软件测试；第 3 章智能家居网关服务系统，介绍了智能家居网关服务系统（该系统用于智能家居系统的控制和远程服务的发布，并作为物联网智能家居系统协调运行的核心服务程序，是智能家居各个硬件的集成管理平台和智能家居终端远程访问服务器），通过 MyWebServer 实例演示了智能家居网关服务系统的实现；第 4 章智能社区管理系统，介绍了智能社区管理软件（主要包括健康社区、爱老社区、节能社区、平安社区、绿色社区、智能家居、社区医疗、一卡通和系统设置等功能模块，主要实现对用户健康状况的测量和管理）；第 5 章基于 Android 操作系统的移动终端实例，概述了视频监控软件，对客户端实例进行了功能演示及调试，详尽讲述了空气净化机和入侵警报的功能实现；第 6 章智能手杖，介绍了智能手杖功能（包括 GPS 定位功能、老人摔倒报警功能、主动报警功能、电话接打功能），还介绍了其硬件及设计和代码实现；第 7 章家居服务机器人系统，分别介绍了系统硬件架构和系统软件平台，制定了程序设计的总体要求，详述了机器人智能家居子系统的实现方法。

目前，我国还没有物联网专业的硕士研究生教材，同时面向提高学生实际动手技能的教材也非常缺乏，本书的出版将填补物联网相关专业研究生教材的空白。本书涵盖物联网的主要技术，书中的实训环节从硬件设计到软件编程，再到软硬件问题的调试和解决，并进一步引导学生在物联网实训平台的基础上设计和实现更多的功能。

本书由王志良担任主编，负责制定了大纲，并指导了全书写作、统稿和组织工作。王志良、霍磊、姚红串参与了第 1 章的编写工作；付洪威参与了第 2 章的编写工作；于泓、姜祎婷参与了第 3 章的编写工作；陈皓、肖素杰参与了第 4 章的编写工作；巩金蕾、祁军凤参与了第 5 章的编写工作；郭雪伟、赵文美参与了第 6 章的编写工作；马晓雯、王晨阳参与了第 7 章的编写工作。付洪威还负责全书的文字审校工作。霍磊还主持了全书各个实训的统筹工作。

作为"全国高校物联网及相关专业教学指导小组"和"物联网工程专业教学研究专家组"成员，主编王志良从其组织的物联网专业教学研讨活动中汲取了物联网工程的教学理念，尤其是物联网专业必须加强实训的理念，贯彻于本书的编写之中，形成了本书特色。

本书的出版得到了机械工业出版社的大力支持，在此表示诚挚的感谢。感谢北京科技大学 2013 年度研究生教育发展基金项目和教改重点项目（JC2014YB047）给予的支持和资助。

由于时间仓促，加上作者水平有限，书中难免会有疏漏之处，恳请各位读者、老师批评指正，在此表示衷心的感谢！

作　者
2015 年 12 月

对教学大纲的建议

本书可供物联网及电子科学与技术专业研究生使用，也可以供计算机科学与技术、控制工程、通信工程、信息安全、智能科学与技术等相关专业的研究生选用。授课教师可以根据本校的教学计划，灵活调整授课学时。

一、针对物联网专业研究生教学，本书安排 48 学时，建议授课学时分配如下：

第 1 章为 4 个学时；

第 2 章为 2 个学时；

第 3 章为 8 个学时；

第 4 章为 8 个学时；

第 5 章为 8 个学时；

第 6 章为 8 个学时；

第 7 章为 10 个学时。

二、针对相关专业，如计算机科学与技术、控制工程、通信工程、信息安全、智能科学与技术等，要求学生理解智能家居的基本结构，了解相关技术，可以从中选取 32 个学时进行讲授。

目　录

第 二 部 分

第一部分

第1章

物联网智能家居系统

智能家居是以住宅为平台，利用综合布线技术、网络通信技术、智能家居系统安全防范技术、自动控制技术、音视频技术，将家居生活有关的设施集成，构建出高效的住宅设施与家庭日程事务的管理系统，提升家居安全性、便利性、舒适性、艺术性，并实现环保节能的居住环境。

1.1　物联网智能家居概述

智能家居通过物联网技术将家中的各种设备（如音视频设备、照明系统、窗帘控制、空调控制、安防系统、数字影院系统、网络家电及三表抄送等）连接到一起，提供家电控制、照明控制、窗帘控制、电话远程控制、室内外遥控、防盗报警、环境监测、暖通控制、红外转发及可编程序定时控制等多种功能和手段。与普通家居相比，智能家居不仅具有传统的居住功能，兼备了建筑、网络通信、信息家电、设备自动化，实现了集系统、结构、服务、管理为一体的高效、舒适、安全、便利、环保的居住环境，提供了全方位的信息交互功能。智能家居还能帮助家庭与外部保持信息交流畅通，优化人们的生活方式，帮助人们有效安排时间，增强家居生活的安全性，甚至为各种能源费用节约资金。

1.1.1　智能家居的发展

物联网自诞生以来，已经引起巨大关注，被认为是继计算机、互联网、移动通信网之后的又一次信息产业浪潮。

有关资料表明，国内外普遍认为物联网是由美国麻省理工学院阿什顿（Ashton）教授于1999 年最早提出的，其理念是基于 RFID 技术、产品电子代码（Electronic Product Code，EPC）等技术的，在互联网的基础上构造一个实现全球物品信息实时共享的实物互联网。此设想有两层意思：第一，物联网的核心和基础是互联网，是在互联网基础上延伸和扩展的网络；第二，其用户端延伸和扩展到了任何物体与物体之间，并进行信息交换和通信。

物联网技术的发展几乎涉及了信息技术的方方面面，是一种聚合性、系统性的创新应用与发展，因此被称为是信息产业的第三次革命性创新。其本质主要体现在三个方面：一是互联网特征，即对需要联网的物一定要能够实现互联互通的互联网络；二是识别与通信特征，即纳入物联网的物一定要具备自动识别、物物通信的功能；三是智能化特征，即网络系统应

3

具有自动化、自我反馈与智能控制的特点。

物联网已经应用到了人们生活中的方方面面，包括智能电网、智能交通、智能物流、智能家居、金融与服务业、精细农牧业、医疗健康、环境与安全检测、国防军事等。

物联网的发展为智能家居引入了新的概念及发展空间，智能家居可以被看作是物联网的一种重要应用。物联网为家居智能化提供了技术条件，使智能家居成为可能，表现在，物联网所包括的射频技术、计算机技术、网络通信技术、综合布线技术、信息协议交换使得物品具有数据化的身份标识，借助家庭网关，数据可以电信网、互联网、广电网上对内和对外流动。智能家居是物联网技术应用生活的具体表现，使一个抽象概念转变成现实应用。

1984 年，美国联合技术建筑系统（United Technologies Building System）公司将建筑设备信息化、整合化概念应用于美国康涅狄格州（Connecticut）哈特福德市（Hartford）的"都市办公大楼"（City Place Building），通过对该座旧式大楼进行一定程度的改造后，再采用计算机系统对大楼的空调、电梯、照明等设备进行监测和控制，并提供语音通信、电子邮件和情报资料等方面的信息服务，诞生了世界上首栋"智能家居"。此后，加拿大、欧洲、澳大利亚和东南亚等经济比较发达的国家和地区先后提出了各种智能家居的方案。其中，德国弗劳恩霍夫研究会建成了世界上第一座智能家居样板房，向人们揭示了未来住宅的前景和计算机技术新的发展趋势。最著名的智能家居要算比尔·盖茨的住宅。他描绘这座建在美国华盛顿湖边的私人住宅是"由芯片和软件建成的"并且要"采纳不断变化的尖端技术"。经过 7 年的建设，1997 年终于建成。该住宅完全按照智能住宅的概念建造，不仅具备高速上网的专线，所有的门窗、灯具、电器都能够通过计算机控制，而且有一个高性能的服务器作为管理整个系统的后台。

智能家居也叫数字家庭，或智能住宅，一般的英文名称为 Smart Home，而我国香港、台湾等地区还有数码家庭、数码家居等称法。通俗地说，智能家居是利用先进的计算机、嵌入式系统和网络通信技术，将家庭中的各种设备（如照明系统、环境控制、安防系统、网络家电）通过家庭网络连接到一起。一方面，智能家居将让用户有更方便的手段来管理家庭设备，如通过无线遥控器、电话、互联网或者语音识别方式控制家用设备，更可以执行场景操作，使多个设备形成联动；另一方面，智能家居内的各种设备间可以通信，不需要用户指挥也能根据不同的状态互动运行，从而给用户带来最大程度的高效、便利、舒适与安全。

随着家居控制技术的逐渐成熟，智能家居在国外越来越普及。不过，不同国家的国情不同，因此智能家居的风格也不一样。

美国智能家居偏重于营造豪华感，追求舒适和享受；德国的智能家居则体现为注重基本的功能性，追求专项功能的开发与应用；在澳大利亚，智能家居控制系统的特点是尽量实现房屋百分之百的自动化，而且不会看到任何手动的开关，安全问题也是考验智能家居的标准之一，澳大利亚智能家居保安系统的传感器数量更多，即使飞过一只小虫，系统都可以探测出来；日本的智能家居体现以人为本，注重功能又兼顾未来发展与环境保护；韩国智能家居采取实用主义，政府对智能小区和智能家居采取多项政策扶持，规定在首尔等大城市的新建小区必须具有智能家居系统，目前韩国全国 80% 以上的新建项目采用了智能家居系统。

我国的智能化住宅和智能化家居虽然起步比较晚，但发展很快。目前我国的智能家居系统有海信 DNet-home 数字家庭、清华同方 e-Home 数字家园、海尔 U-home、西南交通大学科技公司 NDT 系统、科龙现代家居信息服务集散控制系统、美的智能家居系统、慧居全数字化网络智能家居终端、智能生活专家 KOTI 系统、优丽家智能家居系统和北京科技大学的物联网智能家居系统等。

1.1.2　智能家居的技术

智能家居领域由于其多样性和个性化的特点，也导致了技术路线和标准众多，没有统一通行技术标准体系的现状，从技术应用角度来看主要有以下三类主流技术。

1. 总线技术类

总线技术的主要特点是所有设备通信与控制都集中在一条总线上，是一种全分布式智能控制网络技术，其产品模块具有双向通信能力，以及互操作性和互换性，其控制部件都可以编程。典型的总线技术采用双绞线总线，各网络节点可以由总线供电，通过同一总线实现节点间无极性、无拓扑逻辑限制的互联和通信。总线技术类产品比较适合于楼宇智能化及小区智能化等大区域范围的控制，但一般设置安装比较复杂、造价较高、工期较长，适用于新装修用户。

2. 无线通信技术类

无线通信技术众多，已经成功应用在智能家居领域的无线通信技术方案主要包括，射频（RF）技术（频带大多为 315MHz 和 433.92MHz）、红外数据组织（Infrared Data Association，IrDA）红外线技术、HomeRF 协议、ZigBee 标准、Z-Wave 标准、Z-world 标准、X2D 技术等。无线技术方案的主要优势在于无须重新布线、安装方便灵活，而且根据需求可以随时扩展或改装，可以适用于新装修用户和已装用户。

3. 电力线载波通信技术

电力线载波通信技术充分利用现有的电网，两端安装调制解调器，直接以 50Hz 交流电载波，再以数百 kHz 的脉冲为调制信号，进行信号的传输与控制。

1.2　智能家居的信息设备

随着各种新的家庭网络类型的出现与发展及计算机技术、嵌入式技术、电子技术、通信技术和网络技术的进一步融合，如何从信息家电结构和特殊性的角度出发建立智能家庭网络，将不同类型家电设备连接起来，实现它们之间的互操作和信息共享及信息家电的远程控制和智能维护等功能，已成为当前的一个技术热点。

1.2.1　信息家电的概念和功能

信息家电应该是一种价格低廉、操作简便、实用性强，带有个人计算机（Personal Computer，PC）主要功能的家电产品。利用计算机、信息和电子技术与传统家电（包括白色家电，如电冰箱、洗衣机、微波炉等，以及黑色家电，如电视机、录像机、音响等）相结合的创新产品，是为数字化与网络技术更广泛地深入家庭生活而设计的新型家用电器，信息家电包括 PC、机顶盒、HPC、无线数据通信设备、视频游戏设备、WebTV、网络电话等，所有能够通过网络系统交互信息的家电产品，都可以称之为信息家电。音频、视频和通信设备是信息家电的主要组成部分。另一方面，在传统家电的基础上，信息技术融入传统的家电当中，使其功能更加强大，使用更加简单、方便和实用，为家庭生活创造更高品质的生活环境，如模拟电视发展成数字电视，电冰箱、洗衣机、微波炉等也会变成数字化、网络化、智能化的信息家电。

从广义的分类来看，信息家电产品实际上包含了网络家电产品，但如果从狭义的定义来界定，可以这样做一简单分类：信息家电更多是指带有嵌入式处理器的小型家用（个人用）信息设备，它的基本特征是与网络（主要指互联网）相连而有一些具体功能，可以是成套产品，也可以是一个辅助配件。而网络家电则指一个具有网络操作功能的家电类产品，这种家电可以理解为原来普通家电的升级产品。

信息家电由嵌入式处理器、相关支撑硬件（如显示卡、存储介质、IC 卡或信用卡等读取设备）、嵌入式操作系统及应用层的软件包组成。信息家电把 PC 的某些功能分离出来，设计成应用性更强、更家电化的产品，使普通居民进入信息时代的步伐进一步加快，是具备高性能、低价格、易操作特点的互联网工具。信息家电的出现推动家庭网络市场的兴起，同时家庭网络市场的发展又反过来推动信息家电的普及和深入应用。

信息家电主要功能包括智能灯光控制、智能电器控制、安防监控系统、智能背景音乐、智能视频共享、可视对讲系统、家庭影院系统、系统整合控制等。

1.2.2 信息家电的特征属性

信息家电是信息技术与传统消费类家电技术相结合而产生的新一代家用电子产品。信息家电是以计算机技术为基础，集声、光、图像于一体的一种家用电器。它既不是计算机，也不是传统的家电，而是在传统家电的基础上，集计算功能、视听功能、通信功能、联网功能于一体的。信息家电继承了普通家电的长处，如操作简单、性能稳定、价格低廉、维护简便，又具备文字处理、图形处理、发送传真、电子邮件等 PC 和现代个人通信所需的多种功能。

信息家电横跨了信息技术领域和传统家电领域，成功地打破了计算机、通信、家电之间泾渭分明的界限，使得各个企业、各种类型的电子产品最终将融合在一起。信息家电是具有信息处理能力，包含软件系统，并可以和用户交互的家电。

信息家电是一类新兴的低成本、易于使用、开机即用的数字消费类电子设备，可为消费者提供轻便、可靠的联网功能。这些消费类设备使信息娱乐和随时随地共享成为可能。信息家电集计算机、电信和消费类电子产品的特征于一体，使家电具有信息获取、加工、传递等众多功能，而它的操作方式和普通家电一样简单易学，并能长时间无故障运行，不需要专业维护。

总的来说，信息家电的特征可以归纳如下：
1）具有信息处理能力
2）具有软件系统
3）可以和用户交互
4）具有开放性、兼容性
5）具有稳定性

1.2.3 传感器的介绍

传感器是采集信息的关键器件，它与通信技术和计算机技术构成了信息技术的三大支

6

柱，是现代家庭网络不可缺少的信息采集手段。在家庭网络中有各种不同的物理量（如位移、压力、温度、烟雾等）需要测量与控制，如果没有传感器对各种参数的原始数据进行精确而可靠的采集与检测，那么信息家电产品的各种控制是无法实现的。传感器是人类感官的延伸和扩展，是现代科学的中枢神经系统，是现代测控系统的关键环节。

1. 传统传感器

1）电阻式传感器，是一种把位移、力、压力、加速度和扭矩等非电物理量转换为电阻值变化的传感器。

2）电容式传感器，是一种把被测的机械量，如位移、压力等，转换为电容量变化的传感器。它的敏感部分就是具有可变参数的电容器。

3）电感式传感器，是利用电磁感应把被测的物理量，如位移、压力、流量、振动等，转换成线圈的自感系数和互感系数的变化，再由电路转换为电压或电流的变化量输出，实现非电量到电量的转换。

4）压电式传感器，是一种自发电式和机电转换式传感器。

5）光敏传感器，是采用光敏器件作为检测元件的传感器。

6）热电式传感器，是将温度变化转换为电量变化的装置。

7）气敏传感器，是一种检测特定气体的传感器。

8）湿敏传感器，是由湿敏元件和转换电路组成的，一种将环境湿度变换为电信号的装置。

9）磁场传感器，是根据霍尔效应制作的一种磁场感应器。

10）数字型传感器，是把被测参量转换成数字量输出的传感器。

2. 新型传感器

1）生物传感器，是对生物物质敏感并将其浓度转换为电信号进行检测的仪器。

2）微波传感器，是利用微波特性来检测一些物理量的器件。

3）超声波传感器，是利用超声波的特性研制而成的传感器。

越来越多的传感器广泛地应用于家用电器中，面对智能化家庭网络的逐渐普及和发展，将各种各样的传感器引入到家电中变得更加迫切。有效地使用传感器可以增加家电使用的舒适度、节能减排、降低噪声、提高使用质量。

1.2.4　家庭网关

家庭网关作为连接外部世界与家庭内部世界通信的桥梁，是智能家居物理和逻辑上的核心部件。随着移动互联网、光纤入户等普遍推广应用及电信运营商的全业务融合，家庭网关已经成为数字化家庭的必备产品。

1. 家庭网关的设计形式

目前，家庭网关的实现形式主要有三种，代表着智能家居行业不同的时期。

1）基于 PC 架构的家庭网关。该种类型出现于智能家居的萌芽阶段，将 PC 作为整个家庭智能化的控制服务器，加上一些外围的扩展设备组成该系统，实用性很差，易受病毒攻击，基本上只停留在概念阶段。

2）单片机作为中央处理单元的家庭网关。该类型在实用性和专业性方面提高了许多，但是该控制系统直接对硬件编程，成本高，代码重复利用率低，并且电路复杂，稳定性较差。

3）基于嵌入式系统的家庭网关。该类型对软件进行编辑，灵活应用性强，代码重复利用率高，体积小，功耗低，稳定性强。目前家庭网关设计主要采用这种形式，随着嵌入式技术更加广泛的应用，高性能 CPU 及嵌入式操作系统的发展，智能家居正向智能化、人性化、模块化、平民化方向发展。

2. 家庭网关的功能

家庭网关作为一种新型技术产品，具有比以往产品更加丰富的功能与应用，主要包括家庭网关以下功能：

1）通信功能。家庭网关作为链接外部网络和家庭内部网络的桥梁，能够通过多种方式接入多个网络，在提供接入手段的同时具有服务质量控制能力，保证家庭中不同业务的服务质量，这是家庭网关最基本的功能。

2）娱乐功能。家庭网关作为一个宽带综合平台，为家庭用户提供各种各样的宽带应用，用户无须借助计算机就可以完成各种宽带娱乐体验及信息交流和共享，还可以通过提供音频、视频等数字内容来丰富用户的娱乐体验。

3）节能功能。家庭网关可以通过智能控制家用电器来达到节能的效果，而且家庭网关还是智能电力的一个核心部分，因此节能功能也是其主要功能之一。

4）与智能家电相关的功能。家庭网关可对连接到家庭网关上的各种智能家电终端进行设备发现和管理，也可通过远程管理功能实现远程、实时的操控智能家电。

5）平台功能。家庭网关是一个开放的业务平台，可采用标准接口实现管理、控制及下载，同时能够融合协调各种不同的业务。

6）安全功能。家庭网关作为家庭与外部网络的接口必须保证安全性，这种安全性应该是多个层次上的：从信息保护的角度来说，家庭网关具有防火墙功能；从业务安全角度来说，家庭网关可以实现不同业务的安全保护，如网络访问限制等；同时也能够实现虚拟专用网（Virtual Private Network，VPN）功能，建立多个家庭或家庭与办公地点之间的安全虚拟专网。

7）管理功能。家庭网关的管理功能主要包括，故障管理——家庭网关具有故障管理功能，能够支持远程诊断、故障中报等功能；计费管理——家庭网关综合了家庭多项业务，向用户提供统一的计费功能，屏蔽外部网络的差异，提供统一的按照业务收费的方式；性能、用户管理——家庭网关具有性能管理功能，如显示带宽、流量等功能，同时可以针对家庭中不同的用户设定不同的权限，如儿童限制访问功能等。

1.3 智能家居系统结构

1.3.1 总体描述

智能家居实验室利用信息传感设备（同居住环境中的各种物品松耦合或紧耦合）将家居生活有关的各种子系统有机地结合在一起，并与互联网连接起来，进行监控、管理信息交换和通信，实现家居智能化，包括智能家居控制管理系统、终端（家居传感器终端、控制器终端）、家庭网络、信息中心等。

物联网智能家居要将各成体系、互不相连的子系统协调起来，就必须有一个兼容性强的中央家居处理平台，接收并处理控制设施发出的信息，然后传送信号给需要控制的家电或者其他家居子系统。

可以将中央处理平台形象地理解为一个交通警察，它的职能就是在家庭智能局域网中引导和规划家居子系统中的各种信号，有了它，可以通过键盘、触摸屏、电话或者手持无线遥控设备来和家居子系统进行快速沟通。中央家居处理平台还必须具有良好的扩展性能，以满足用户在使用过程中不断增长的需求。

智能家居系统将家庭中各种与信息相关的通信设备、家用电器和家庭保安装置，通过家庭总线技术连接到一个家庭智能化系统上，进行集中的或异地的监视、控制和家庭事务性管理，并保持这些家庭设施与住宅环境相协调。这些功能都是通过智能家居系统中的家庭网络控制器来实现的。家庭网络控制器具有家庭总线系统，通过家庭总线系统提供各种服务功能，并和住宅以外的外部世界相通连。可以这样说，智能家居系统是智能住宅的核心。由此可见，智能家居系统在智能住宅中的重要地位。

1.3.2　设计原则

没有规矩不成方圆。智能家居的基本设计原则是分层式设计。把智能家居系统分为感知控制、网络传输和智能控制三个层次。每个层次之间相互独立，又为相邻层提供服务。智能家居分层式设计原则如图 1-1 所示。

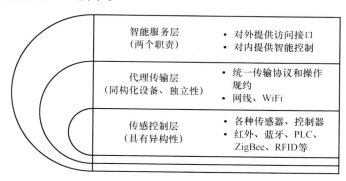

图 1-1　智能家居分层式设计原则

1.3.3　基本结构

本智能家居含有以下几个子系统：

1）设备综合布线系统；
2）家电控制系统；
3）环境信息采集系统；
4）远程抄表系统；
5）安防监控系统；
6）人机交互系统；
7）健康关护系统；
8）智能服务系统。

智能家居系统关联结构如图1-2所示。

其中，综合布线系统为底层通信介质的基础，直接为家电控制、环境采集、远程抄表系统、安防监控系统提供硬件连接通道，直接或间接地为人机交互系统、健康关护系统、智能服务系统提供底层通信基础。

家电控制系统、环境采集系统、远程抄表系统、安防监控系统是数字家庭的基础功能设施，是智能家居必须实现的内容。

人机交互系统、健康关护系统自成体系，它们既需要其他系统的支持，又要向高级服务提供依据，同时也可以独立运行。

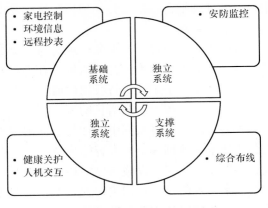

图1-2 智能家居系统关联结构

智能服务系统是整个智能空间的高级实现形式，是整个智能家居系统的核心和最终目的。它依赖其他系统，又高出其他系统，无法脱离其他系统。它面对的是服务流和服务数据，并不直接针对特定设备。

智能家居系统各种设备的连接框图如图1-3所示。

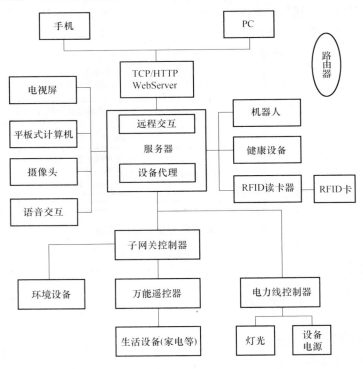

图1-3 智能家居系统各种设备的连接框图

本系统是一个层次化的系统，逻辑层次如图1-4所示。

一个好的系统设计，是松耦合的、模块化的、标准化的。本系统为了让不同的设备开发者各司其职，同时又能在一定程度上互相沟通，设计了层次化的系统结构。

服务表现层		
HTTP服务层	Socket 服务层	WebService 服务层
服务管理层		
服务标准化模块	服务标准化模块	服务标准化模块	服务标准化模块
WiFi布线层		
硬件接入层	WiFi硬件层	
异构设备层		

图 1-4　智能家居系统的逻辑层次

1. 异构设备层

家庭设备千变万化，通信手段多种多样，因此家庭设备具有异构的特点。承认设备的异构，能够极大扩展设备的选型，方便硬件开发者开发新设备。因此，系统设计的最底层规定为异构设备层，给开发者提供相当程度的自由。

2. 硬件接入与 WiFi 硬件层

异构设备层带来了大量优秀的硬件，但是，这些硬件是孤立的，和服务系统的衔接并不友好。于是系统扩展了异构设备层，把它们发展成了 WiFi 硬件层。顾名思义，系统通过提供 TTL/RS232 转 WiFi 模块，规定所有的设备信号，最终都必须通过 WiFi 接入到路由器，所有上行信号和控制信号都重定向到 WiFi 输出。TTL/RS232 转 WiFi 模块是一个透明传输的硬件模块，它能够在硬件层直接接入到 TTL/RS232 接口，同时可以自动连接路由器，并能够屏蔽硬件差异，在上述两种不同的硬件接口之间透明传输、转发数据。因此，硬件开发者不需要额外制作硬件或编写程序，就能把设备无缝地转换成 WiFi 家居设备。

3. WiFi 布线层

顾名思义，即把所有的设备通过 RJ45 网线或是 WiFi 连接起来，使用 TCP/UDP 对话。

4. 服务标准化模块

前几个模块只保证了设备能够通过 Socket 访问，并不能保证设备信息是否被正确理解。这就需要对设备信息进行编码和解码。要求硬件信息强制符合某种编码规范，是不切实际的，这会极大地造成硬件开发的困难。一个变通的方法是，在软件层，对不同设备传输的信息进行编解码，每一种设备对应一个服务标准化模块，每个服务标准化模块都和服务器之间遵循统一的通信协议，以达到接收异构信息，同时"归一化"设备信息的目的。

5. 服务管理层

服务管理层是系统的核心。经过服务标准化模块，服务管理层"看到的"是一个一个标准的设备（事实上是标准的服务模块），这样就可以统一管理底层设备了。服务管理层负责设备管理、信息采集、数据存储、数据分析及智能服务等一系列服务功能，是整个智能家居的大脑和记事本。

6. HTTP、Socket、WebService 服务层

提供了不同的服务访问手段，针对不同终端服务访问设备工作在网络七层协议不同层的现状，提出的一种兼容并包的手段。

7. 服务表现层

服务表现层主要责任实现丰富的用户交互方式，如手机界面、网页访问、语音对话、行为理解、机器人管家等。

1.3.4　功能介绍

1. 便捷的生活服务

1）智能无线遥控系统。自学习式智能遥控器，实现对所有电器、灯光、窗帘和部分环境设备的遥控，以及一键式场景控制。

2）环境监测与采集系统。环境监测与家电控制子网关能随时获取和上传家庭的光照、温度、湿度、噪声、烟雾、有害气体等信息，同时还能代为控制智能遥控器。

3）抄表系统。使用 RS485/WiFi 实现电表气表的读取。

4）电力线系统。继电器与电力线载波控制器能够通过电力线传播控制信号，免去了布线之苦。

2. 安心的环境检测

1）环境感知。利用有害气体、烟雾、煤气传感器，通过子网关控制器采集。

2）安防门禁。RFID 卡系统，确认来客身份；网络摄像机，提供局域网视频访问和广域网图片访问；文件服务器，用于存储视频监控录像。

3. 和谐的人机交互

1）大屏幕交互。智能电视和投影仪可以由服务器调用，及时向用户推送消息。

2）语音交互。通过手机或传声器（俗称麦克风），向服务中心请求简单的命令。音响系统能够以语音方式告知控制结果，或是主动提醒用户。

3）机器人交互。机器人具有自主移动功能，内置摄像头，能够监控移动视频信息。机器人能够和住户进行语音交互，能够控制家电。

4. 体贴的健康服务

1）健康设备的开发与接入。设备能够采集心电图、血压、血糖等信息，并上传到服务器。

2）健身监察设备。该设备可以记录用户一天的运动量，上传到服务器。

3）健康信息提醒。系统能将提醒信息推送到手机，自发的智能服务。

5. 以状态参量为基础的联动和服务计算

1）服务发布网关。将家庭服务发布到互联网，供手机、PC 等访问，提供语音、图像等高级服务，为服务计算服务器组提供状态数据。

2）服务计算服务器组。

智能家居系统功能组成如图 1-5 所示。

1.3.5　设备介绍

1. 网络设备

网络设备主要包含服务器、二层交换机、路由器等，如图 1-6 ~ 图 1-8 所示。服务器负责提供基于网络的服务和对家居设备的控制，交换机、路由器则构成了整个家居的基础网络。

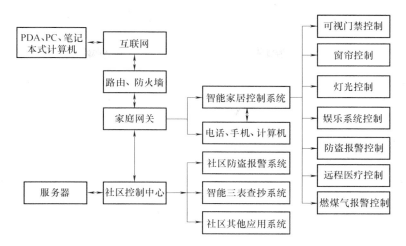

图 1-5　智能家居系统功能组成

图 1-6　服务器

图 1-7　二层交换机

图 1-8　路由器

2. 家电控制与子网关设备

家电控制与子网关设备是一个处于下层的控制中心，它们负责采集底层传感器的信息、控制底层执行器的运作，同时提供一个基于 WiFi 的传输控制协议（Transmission Control Protocol，TCP）访问接口，使服务器能够通过无线路由器和它们交互，完成高层的服务行为。

相关设备如图 1-9、图 1-10 所示。

图 1-9 智能家庭信息子网关　　　　图 1-10 家电设备集成控制器（万能遥控器）

3. 环境感知设备

环境感知设备，即网络传感器设备，包括摄像头、温湿度传感器、照度传感器、烟雾传感器、红外传感器等，如图 1-11 ~ 图 1-14 所示。其中，摄像头提供了家居视频图像；温湿度传感器、照度传感器负责采集环境信息，并转化为数字信号传送；烟雾传感器、红外人体传感器则会产生一个开关量信息，参与到家庭安防中。

图 1-11 网络摄像头　　　　图 1-12 温湿度、照度传感器（ZigBee 通信方式）

图 1-13 红外传感器（门禁监测）　　　　图 1-14 红外烟雾传感器

4. 家电与灯光设备

家电与灯光设备是智能家居必不可少的一部分，它们都是基于红外控制的设备，如图 1-15 ~ 图 1-17 所示。目前，市场上各个家电厂商之间并没有对统一的家电控制接口达成一致，为了实现零布线、不改动已有家电，通过家电设备集成控制器模拟红外遥控器进行控制。另外，灯光也是由红外插座控制的。

图 1-15　空调器

图 1-16　电视

图 1-17　吊灯

5. 健康设备

健康设备主要是便携式人体健康数据采集设备，通过蓝牙或是 ZigBee 和健康网关、健康电视通信，上传健康数据到服务器，如图 1-18 ~ 图 1-21 所示。

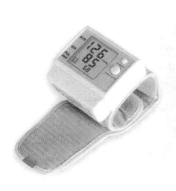

图 1-18　血压计

图 1-19　体重秤

图 1-20　脂肪测量仪

图 1-21　多功能床（可配合多种健康设备检测心率等）

6. 网络终端设备

网络终端设备包括手机、平板式计算机、机器人等，主要负责人机交互，如图 1-22 ～ 图 1-25 所示。

图 1-22　手机

图 1-23　使用 Android 操作系统的平板式计算机

图 1-24 使用 Win8 操作系统的平板式计算机

图 1-25 机器人

以上介绍了智能家居的各个设备，这些设备有机地连接在一起，各司其职、互相协作，才能形成一套完整的智能家居控制体系，设备的连接如图 1-26 所示。

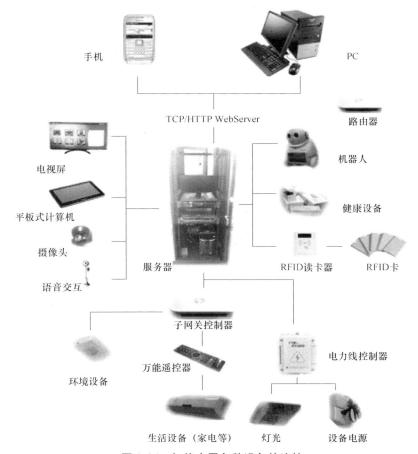

图 1-26 智能家居各种设备的连接

第2章

软件工程方法与应用

软件工程（Software Engineering）是一门研究使用工程化方法构建和维护有效、实用和高质量的软件的学科。它涉及程序设计语言、数据库、软件开发工具、系统平台、标准、设计模式等方面。在现代社会，随着科技的高速发展，以计算机为核心的信息处理方式与人类生活密不可分，软件应用于多个方面。典型的软件有电子邮件、嵌入式系统、人机界面、办公套件、操作系统、编译器、数据库、游戏等方面。同时，各个行业几乎都有计算机软件的应用，如工业、农业、银行、航空、政府部门等。这些应用促进了经济和社会的发展，使得人们的工作更加高效，同时提高了生活质量。如何高效地开发满足用户需求的软件系统成为不可忽视的部分，从而软件工程作为一门学科被人们广泛学习。

2.1 软件工程的概述

软件工程是计算机科学的一个重要组成部分，是指导计算机软件开发和维护的一门工程学科。采用工程的概念、原理、技术、方法来开发与维护软件，可以极大地提高软件开发的效率，提升软件开发的质量，降低软件开发和维护的成本，及时准确地为用户提供软件系统。软件工程研究的是如何以系统性、规范化、可定量的过程化方法去开发和维护软件，以及如何把经过时间考验证明正确的管理技术和当前能够得到的最好的技术结合起来。

2.1.1 软件工程的定义

1968 年在第一届北大西洋公约组织（North Atlantic Treaty Organization，NATO）会议上，专家们曾经给出了软件工程的一个早期定义："软件工程就是为了经济地获得可靠的且能在实际机器上有效地运行的软件，而建立和使用完善的工程原理。"这个定义不仅指出了软件工程的目标是经济地开发出高质量的软件，而且强调了软件工程是一门工程学科，它应该建立并使用完善的工程原理。

1993 年电气与电子工程师协会（Institute of Electrical and Electronics Engineers，IEEE）给出了一个更全面更具体的定义："软件工程是，①把系统、规范、可度量的途径应用于软件开发、运行和维护过程，也就是把工程应用于软件；②研究①中提到的途径。"

从上述两种软件工程的定义可以看出，软件工程的基本目标是开发具有正确性、可用性、经济性的软件，通过执行需求分析、系统设计、代码实现、程序测试和软件维护等步骤来完成产品的开发工作。为了达到预期效果，提出如下的软件工程原则：采取适宜的开发模式，使用合适的开发方法，提供高质量的工程支持，实施有效的工程管理。

软件工程是一种层次化的技术：过程，是软件工程的根基，它定义了一组关键的过程区域；方法，定义了"如何做"，贯穿了过程中每一个步骤，提供了解决方案；工具，是用于支持过程和方法的自动和半自动化的工作，它同样贯穿过程中每一个步骤。

软件过程只是软件工程中的一个层级，也是软件工程中重要的一个层级，是软件工程的根基。软件工程与软件过程是包括与被包括的关系。软件过程是将技术层结合在一起，合理、及时地开发出软件产品。过程定义了软件开发的框架、软件开发的活动和活动之间的关系，规定了采用的技术方法、文档和数据的形式、质量保证等要求。

软件工程的方法层提供了构造软件在技术上需要的原则和基本描述形式。

软件工程的工具层对过程和方法提供了软件开发过程的自动化或半自动化的支持，形成了支持软件开发的系统。因此，软件工程包括软件开发技术和软件工程管理两个方面，通过对实践应用过程中的经验不断总结和归纳，研究和实施软件开发方法、软件开发工具、软件工程管理方法和规范，进一步推动软件工程学科的完善与发展。

2.1.2 软件开发过程的模型

软件开发模型是软件开发过程的概括，为软件工程管理提供了里程碑和进度表，为软件开发过程提供了原则和方法。软件开发模型给出了软件开发活动各阶段之间的关系。软件开发过程模型主要有下述几种。

1. 瀑布模型（Waterfall Model）

（1）瀑布模型的特征

如图 2-1、图 2-2 所示，从上一项活动接收该项活动的工作对象，利用这一输入实施该项活动应完成的内容。给出该项活动的工作成果，作为输出传给下一项活动。对该项活动实施的工作进行评审，若其工作得到确认，则继续下一项活动；否则返回前项，甚至对更前项的活动进行返工。

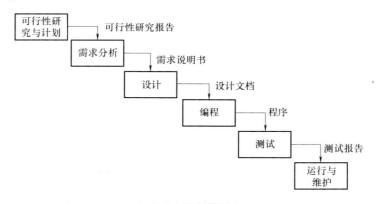

图 2-1 瀑布模型 1

（2）瀑布模型的优点

通过设置里程碑，明确每阶段的任务与目标；可为每阶段制订开发计划，进行成本预算，组织开发力量；通过阶段评审，将开发过程纳入正确轨道；严格的计划性能保证软件产

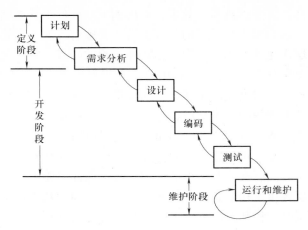

图 2-2　瀑布模型 2

品的按时交付。

（3）瀑布模型的缺点

缺乏灵活性，不能适应用户需求的改变；开始阶段的小错误被逐级放大，可能导致软件产品瘫痪；返回上一级的开发需要十分高昂的代价；随着软件规模和复杂性的增加，软件产品成功的概率大幅下降。

2. 螺旋模型（Spiral Model）

（1）螺旋模型的特征

如图 2-3 所示，每一圈是一个阶段，每个阶段里又有一些活动阶段，可分为操作的概念、软件需求、产品设计、详细设计、编码、单元测试、集成和测试、验收测试、实现；活动有需求与计划、风险分析、设计与制作、用户评价。

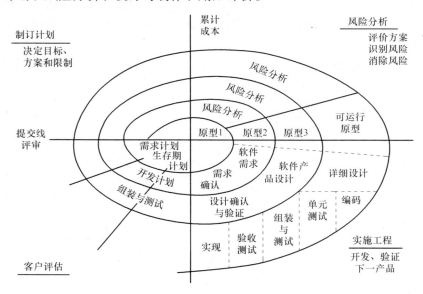

图 2-3　螺旋模型

（2）螺旋模型的优点

风险分析可使一些极端困难的问题和可能导致费用过高的问题被更改或取消；用户评价为需求的变更带来柔性。

（3）螺旋模型的缺点

需要开发人员具有相当丰富的风险评估经验和专门知识；要求用户参与阶段评价，对用户来说比较困难，不易取得好的效果。

3. 原型模型（Prototype Model）

（1）原型模型的特征

如图 2-4 所示，立项以后先提交原型给用户，在用户试用的基础上进行需求调查与原型修改；强调用户对软件功能和使用性能的评价；设计、修改原型与试用交替进行；一次迭代中的开发步骤如下：

1）了解用户/设计者的基本信息需求

2）开发初始原型系统

3）用户/设计者试用和评估原型系统。

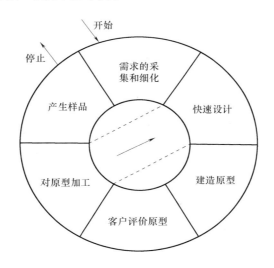

图 2-4　原型模型

（2）原型模型的优点

开发者与用户充分交流，可以澄清模糊的需求，需求定义比其他模型要好得多；开发过程与用户培训过程同步；为用户需求的改变提供了充分的余地；开发风险低，产品柔性好，开发费用低，时间短，系统易维护，对用户更友好。

（3）原型模型的缺点

开发者在不熟悉的领域中不易分清主次，原型不切题；产品原型在一定程度上限制了开发人员的创新；随着更改次数的增多，次要部分越来越大，"淹没"了主要部分；原型过快收敛于需求集合，而忽略了一些基本点；资源规划和管理较为困难，随时更新文档也带来麻烦；只注意原型是否满意，忽略了原型环境与用户环境的差异。

4. 增量模型（Increment Model）

增量模型与原型模型和其他演化方法一样，本质上是迭代的，如图2-5所示。但与原型实现不一样的，是其强调每一个增量均发布一个可操作产品。早期的增量是最终产品的"可拆卸"版本，但提供了为用户服务的功能，并且为用户提供了评估的平台。

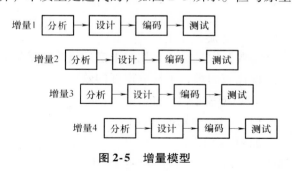

图 2-5　增量模型

（1）增量模型的特征

增量模型的特点是引进了增量包的概念，无须等到所有需求都出来，只要某个需求的增量包出来即可进行开发。虽然某个增量包可能还需要进一步适应客户的需求并更改，但只要这个增量包足够小，其影响对整个项目来说是可以承受的。

（2）增量模型的优点

由于能够在较短的时间内向用户提交一些有用的工作产品，因此能够解决用户的一些急用功能。由于每次只提交用户部分功能，用户有较充分的时间学习和适应新的产品。对系统的可维护性是一个极大的提高，因为整个系统是由一个个构件集成在一起的，当需求变更时只变更部分部件，而不必影响整个系统。

（3）增量模型的缺点

由于各个构件是逐渐并入已有的软件体系结构中的，所以加入构件必须不破坏已构造好的系统部分，这需要软件具备开放式的体系结构。在开发过程中，需求的变化是不可避免的。增量模型的灵活性可以使其适应这种变化的能力大大优于瀑布模型和原型模型，但也很容易退化为边做边改模型，从而使对软件过程的控制失去整体性。如果增量包之间存在相交的情况且未很好处理，则必须做全盘系统分析，这种模型将功能细化后分别开发的方法较适用于需求经常改变的软件开发过程。

5. 构件组装模型

（1）构件组装模型的特征

应用软件可用预先编写好、功能明确的产品部件定制而成，并可用不同版本的部件实现应用的扩展和更新；利用模块化方法，将复杂、难以维护的系统分解为互相独立、协同工作的部件，并努力使这些部件可反复重用；突破时间、空间及不同硬件设备的限制，利用客户和软件之间统一的接口实现跨平台的交互操作。

（2）构件组装模型的优点

构件组装模型实现了软件的复用，提高了软件开发的效率，面向对象技术是软件工程的构件组装模型的基础。构件可由一方定义其规格说明，被另一方实现，然后供给第三方使用。构件组装模型允许多个项目同时开发，降低了费用，提高了可维护性。它可实现分步提交软件产品。

（3）构件组装模型的缺点

可重用性和软件高效性不易协调。缺乏通用的组装结构标准，而自定义的组装结构标准引入较大的风险。需要精干的有经验的分析和开发人员，一般的开发人员插不上手。客户的满意度低。

6. 统一软件过程（Rational Unified Process，RUP）**模型**

RUP 模型如图 2-6 所示。

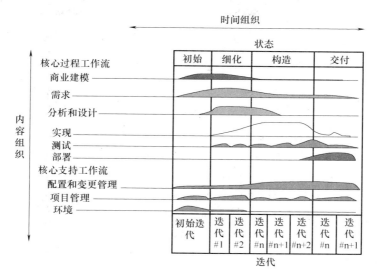

图 2-6　RUP 模型

（1）RUP 模型的特征

RUP 模型可以用二维坐标来描述。横轴通过时间组织，是过程展开的生命周期特征，体现开发过程的动态结构，用来描述它的术语主要包括周期（cycle）、阶段（phase）、迭代（iteration）和里程碑（milestone）；纵轴以内容来组织自然的逻辑活动，体现开发过程的静态结构，用来描述它的术语主要包括活动（activity）、产物（artifact）、工作者（worker）和工作流（workflow）。RUP 模型的时间轴被分解为四个顺序的阶段，分别是初始（inception）阶段、细化（elaboration）阶段、构造（construction）阶段和交付（transition）阶段。每个阶段结束于一个主要的里程碑（major Milestones）；每个阶段本质上是两个里程碑之间的时间跨度。在每个阶段的结尾执行一次评估以确定这个阶段的目标是否已经满足。如果评估结果令人满意的话，可以允许项目进入下一个阶段。

RUP 模型的初始阶段目标是为系统建立商业案例并确定项目的边界。细化阶段的目标是分析问题领域，建立健全的体系结构基础，编制项目计划，淘汰项目中最高风险的元素。在构建阶段，所有剩余的构件和应用程序功能被开发并集成为产品，所有的功能被详细测试。交付阶段的重点是确保软件对最终用户是可用的。

RUP 模型中有 9 个核心工作流，分别为 6 个核心过程工作流（core process workflows）和 3 个核心支持工作流（core supporting workflows）。尽管 6 个核心过程工作流可能使人想起传统瀑布模型中的几个阶段，但应注意迭代过程中的阶段是完全不同的，这些工作流在整个生命周期中一次又一次被访问。这 9 个核心工作流在项目中轮流被使用，在每一次迭代中以不同的重点和强度重复。

（2）RUP 模型的优点

RUP 模型能提高团队生产力，体现在迭代的开发过程、需求管理、基于组件的体系结构、可视化软件建模、验证软件质量及控制软件变更等方面，针对所有关键的开发活动为每个开发成员提供了必要的准则、模板和工具指导，并确保全体成员共享相同的知识基础。它建立了简洁和清晰的过程结构，为开发过程提供较大的通用性。

（3）RUP模型的缺点

RUP只是一个开发过程，并没有涵盖软件过程的全部内容。例如，它缺少关于软件运行和支持等方面的内容，没有支持多项目的开发结构，这在一定程度上降低了在开发组织内大范围实现重用的可能性。

2.1.3　软件工程的本质特征

1. 软件工程关注大型程序的构造

程序的"大"与"小"分界线并不十分清晰。通常把一个人在较短时间内写出的程序称为小型程序，而把多人合作用时半年以上写出的程序称为大型程序。传统的程序设计技术和工具是支持小型程序设计的，不能简单地把这些技术和工具用于开发大型程序。

事实上，在此处使用术语"程序"并不十分恰当，现在的软件开发项目通常是构造包含若干个相关程序的"系统"。

2. 软件工程的中心课题是控制复杂性

通常，软件所解决的问题十分复杂，以致不能把问题作为一个整体通盘考虑，人们不得不把问题分解，使得分解出的每个部分是可理解的，而且各部分之间保持简单的通信关系。用这种分解并不能降低问题的整体复杂性，但是却可使它变成可以管理的。注意，许多软件的复杂性主要不是由问题的内在复杂性造成的，而是由必须处理的大量细节造成的。

3. 软件经常变化

绝大多数软件都模拟了现实世界的某一部分，如处理读者对图书馆提出的需求或跟踪银行内部钱的流通过程。现实世界在不断变化，软件为了不被很快淘汰，必须随着所模拟的现实世界一起变化。因此，在软件系统交付使用后仍然需要耗费成本，而且在开发过程中必须考虑软件将来可能发生的变化。

4. 开发软件的效率非常重要

目前，社会对新应用系统的需求超过了人力资源所能提供的限度，软件供不应求的现象日益严重。因此，软件工程的一个重要课题就是，寻求开发与维护软件的更好、更有效的方法和工具。

5. 和谐地合作是开发软件的关键

软件处理的问题十分庞大，必须多人协同工作才能解决这类问题。为了有效合作，必须明确地规定每个人的责任和相互通信的方法。事实上仅有上述规定还不够，每个人还必须严格地按规定行事。为了迫使大家遵守规定，应该运用标准和规程。通常，可以用工具来支持这些标准和规程。总之，纪律是成功地完成软件开发项目的关键之一。

6. 软件必须有效地支持它的用户

开发软件的目的是支持用户各种工作。软件提供的功能应该能有效地协助用户完成他们的工作。如果用户对软件系统不满意，可以启用该系统，或者立即提出新的需求。因此，仅用正确的方法构造系统还不够，还必须构造出正确的系统。

有效地支持用户意味着必须仔细地研究用户，以确定适当的功能需求、可用性要求及其他质量要求（如可靠性、响应时间等）。有效地支持用户还意味着，软件开发不仅应该提交软件产品，而且应该写出用户手册和培训材料，此外还必须注意建立使用新系统的环境。例如，一个新的图书馆自动化系统将影响图书馆的工作流程，因此应该适当地培训该用户，使其习惯新的工作流程。

7. 在软件工程领域中通常由具有一种文化背景的人给具有另一种文化背景的人创造产品

这个特性与前两个特性紧密相关。软件工程师是 Java 程序设计、软件体系结构、测试或统一建模语言（Unified Modeling Language，UML）等方面的专家，而通常并不是图书馆管理、航空控制或银行事物等领域的专家，但是却不得不为这些领域开发应用系统。缺乏应用领域的相关知识，是软件开发项目出现问题的常见原因。

2.1.4　软件工程的基本目标

软件工程的目标：在给定成本、进度的前提下，开发出具有适用性、有效性、可修改性、可靠性、可理解性、可维护性、可重用性、可移植性、可追踪性、可互操作性和满足用户需求的软件产品。追求这些目标有助于提高软件产品的质量和开发效率，减少维护的困难。

1. 适用性

在不同的系统约束条件下，使用户需求得到满足的难易程度。

2. 有效性

软件系统能最有效地利用计算机的时间和空间资源。各种软件无不把系统的时间和空间开销作为衡量软件质量的一项重要技术指标。很多场合，在追求时间有效性和空间有效性时会发生矛盾，这时不得不牺牲时间有效性换取空间有效性或牺牲空间有效性换取时间有效性。采用折中办法是经常使用的技巧。

3. 可修改性

允许对系统进行修改而不增加原系统的复杂性。它支持软件的调试和维护，是一个难以达到的目标。

4. 可靠性

能防止因概念、设计和结构等方面的不完善造成的软件系统失效，具有挽回因操作不当造成软件系统失效的能力。

5. 可理解性

系统具有清晰的结构，能直接反映问题的需求。可理解性有助于控制系统软件复杂性，并支持软件的维护、移植或重用。

6. 可维护性

软件交付使用后，能够对它进行修改，以改正潜伏的错误，改进性能和其他属性，使软件产品适应环境的变化等。软件维护费用在软件开发费用中占有很大的比重。可维护性是软件工程中一项十分重要的目标。

7. 可重用性

把概念或功能相对独立的一个或一组相关模块定义为一个软部件。可组装在系统的任何位置，降低工作量。

8. 可移植性

软件从一个计算机系统或环境移植到另一个计算机系统或环境的难易程度。

9. 可追踪性

根据软件需求对软件设计、程序进行正向追踪，或根据软件设计、程序对软件需求进行逆向追踪的能力。

10. 可互操作性

多个软件元素相互通信并协同完成任务的能力。

2.2 软件需求分析

软件开发中一个至关重要的问题就是软件需求，只有满足用户需求的软件才能有效地投入使用。如果开发人员与终端用户的沟通不畅，必然达不到预期效果，不断地修改程序代码不仅容易造成结构性错误，而且为软件的测试和维护工作增加了风险，对开发人员带来了巨大的浪费，是软件开发过程中最不愿意出现的问题。所以，软件需求分析作为软件开发过程的首要阶段，必须完成对用户需求的理解，对现有系统的问题进行分析，以文档形式加以描述和验证。

2.2.1 软件需求分析的步骤

软件需求分析的步骤可以概括为深入了解、提取、抽象、升华的过程，是从用户的业务中提取出软件系统能够帮助用户解决的业务问题，通过对用户业务问题的分析，规划出软件产品。这个步骤是对用户业务需求的一个升华，是一个把用户业务管理流程优化，转化为软件产品，从而提升管理而实现质的飞跃。这一步是否成功直接关系到开发出来的软件产品能否得到用户认可，能否顺利交付给用户。需求分析的步骤如图 2-7 所示。

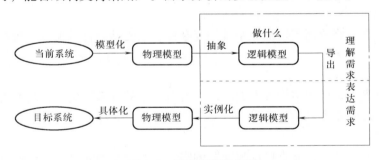

图 2-7　需求分析的步骤

按照软件工程对软件开发过程的描述，需求阶段可以细分为需求调研和需求分析两个小阶段，需求调研需要充分、细致地了解用户目标、用户业务内容和流程等，这是一个对需求的采集过程，是进行需求分析的基础准备。软件系统的需求分析可以由产品工程师或系统分析员或一起分阶段合作完成全部的需求分析工作。

需求分析的具体任务如下：

（1）确定系统的综合要求

1）确定系统功能要求，即系统必须完成的所有功能。

2）确定系统性能要求，如可靠性、联机系统的响应时间、存储容量、安全性能等。

3）确定系统运行要求，如系统软件、数据库管理系统、外存和数据通信接口等。

4）将来可能提出的要求。

（2）分析系统的数据要求

1）数据（需要哪些数据、数据间联系、数据性质、数据结构）。

2）数据处理（处理的类型、处理的逻辑功能）。

（3）导出系统的逻辑模型

（4）修正系统的开发计划

软件需求的内容如下：

（1）业务需求（business requirement）

表示组织或客户高层次的目标。业务需求通常来自项目投资人、购买产品的客户、实际用户的管理者、市场营销部门或产品策划部门。业务需求描述了组织为什么要开发一个系统，即组织希望达到的目标。使用前景和范围（vision and scope）文档来记录业务需求，这份文档有时也被称作项目轮廓图或市场需求（project charter 或 market requirement）文档。

（2）用户需求（user requirement）

描述的是用户的目标，或用户要求系统必须能完成的任务。用例、场景描述和事件响应表都是表达用户需求的有效途径。也就是说，用户需求描述了用户能使用系统来做些什么。

（3）功能需求（functional requirement）

规定开发人员必须在产品中实现的软件功能，用户利用这些功能来完成任务，满足业务需求。功能需求有时也被称作行为需求（behavioral requirement），因为习惯上总是用"应该"对其进行描述，如系统应该发送电子邮件来通知用户已接受其预定。功能需求描述是开发人员需要实现什么。

（4）系统需求（system requirement）

用于描述包含多个子系统的产品（即系统）的顶级需求。系统可以只包含软件系统，也可以既包含软件又包含硬件子系统。人也可以是系统的一部分，因此某些系统功能可能要由人来承担。

业务规则包括企业方针、政府条例、工业标准、会计准则和计算方法等。业务规划本身并非软件需求，因为它们不属于任何特定软件系统的范围。然而，业务规则常会限制谁能够执行某些特定用例，或者规定系统为符合相关规则必须实现某些特定功能。有时，功能中特定的质量属性（通过功能实现）也源于业务规则。所以，对某些功能需求进行追溯时，会发现其来源正是一条特定的业务规则。

功能需求记录在软件需求规格说明（Software Requirement Specification，SRS）中。SRS完整地描述了软件系统的预期特性。一般把 SRS 当作文档，其实 SRS 还可以是包含需求信息的数据库或电子表格，或者是存储在商业需求管理工具中的信息，而对于小型项目甚至可能是一叠索引卡片。开发、测试、质量保证、项目管理和其他相关的项目功能都要用 SRS。除了功能需求外，SRS 还包含非功能需求，包括性能指标和对质量属性的描述。

质量属性（quality attribute）对产品的功能描述作了补充，它从不同方面描述了产品的各种特性。这些特性包括可用性、可移植性、完整性、效率和健壮性，它们对用户或开发人员都很重要。其他的非功能需求包括系统与外部世界的外部界面，以及对设计与实现的约束。

约束（constraint）限制了开发人员设计和构建系统时的选择范围。

2.2.2　软件需求分析的方法

软件需求分析方法大体分为如下四类：结构化方法、面向对象方法、面向控制方法和面向数据方法。限于篇幅，将主要从结构化方法和面向对象方法进行简要的探讨。

1. 结构化分析方法

结构化分析（Structured Analysis, SA）方法是一种单纯的由顶向下逐步求精的功能分解方法。分析员首先用上下文图表，又称为数据流图（Data Flow Diagram, DFD），表示系统的所有输入/输出，然后反复地对系统求精，每次求精都表示成更详细的DFD，从而建立关于系统的一个DFD层次。为保存DFD中的这些信息，使用数据字典来存取相关的定义、结构及目的。SA方法是目前实际应用效力广泛的需求工程技术，为开发小组找到了一种中间语言，易于软件人员所掌握。但它离应用领域尚有一定的距离，因而为开发小组的思想交流带来了一定的困难。

2. 面向对象分析方法

面向对象（Object Oriented, OO）分析方法把分析建立在系统对象及对象间交互的基础之上，使得能以对象及其属性、分类结构、集合结构这三个最基本的方法框架来定义和沟通需求。面向对象的问题分析模型从三个侧面进行描述，即对象模型（对象的静态结构）、动态模型（对象相互作用的顺序）和功能模型（数据变换及功能依存关系）。需求工程的抽象原则、层次原则和分割原则同样适用于面向对象方法，即对象抽象与功能抽象原则是一样的，也是从高级到低级、从逻辑到物理，逐级细分。每一级抽象都重复对象建模（对象识别）、动态建模（事件识别）、功能建模（操作识别）的过程，直到每一个对象实例在物理（程序编码）上全部实现为止。

OO需求分析利用一些基本概念来建立相应模型，以表达目标系统的不同侧面。尽管不同的方法所采用的具体模型不尽相同，但都无外乎用如下五个基本模型来描述软件需求：

（1）整体→部分模型

将一个复杂对象（类）描述成一个由交互作用的若干对象（类）构成的结构的能力是面向对象途径的突出优点。该模型也称聚合模型。

（2）分类模型

分类模型描述类之间的继承关系。与聚合关系不同，它说明的是一个类可以继承另一个或另一些类的成分，以实现类中成分的复用。

（3）类→对象模型

分析过程必须描述属于每个类的对象所具有的行为，这种行为描述的详细程度可以根据具体情况而定。既可以只说明行为的输入、输出和功能，也可以采用比较形式的途径来精确地描述其输入、输出及其相应的类型，甚至使用伪码或小说明的形式来详细刻画。

（4）对象交互模型

面向对象的系统模型必须描述其中对象的交互方法。如前所述，对象交互是通过消息传递来实现的。事实上对象交互也可看作是对象行为之间的引用关系。因此，对象交互模型就要刻画对象之间的消息流。对应于不同的详细程度，有不同的消息流描述分析，分析人员应根据具体情况而选择。一般地，一个详细的对象交互模型能够说明对象之间的消息及其流向，并且同时说明该消息将激活的对象及行为。一个不太详细的对象交互模型可以只说明对象之间有消息，并指明其流向即可；还有一种状况就是介于两者之间。

（5）状态模型

在状态模型中，把一个对象看作是一个有限状态机，由一个状态到另一状态的转变称作状态转换。状态模型将对象的行为描述成其不同状态之间的通路。它也可以刻画动态系统中对象的创建和废除，并将由对象的创建到对象的废除状态之间的退路称为对象的生存期。

3. 结构化分析方法与面向对象分析方法的区别

结构化分析方法将系统描述成一组交互作用的处理，面向对象分析方法则描述成一组交互作用的对象。子系统之间的交互关系的描述方式不一样。前者子系统之间的交互是通过不太精确的数据流来表示的，而后者对象之间通过消息传递交互关系。因此，面向对象软件需求分析的结果能更好地刻画现实世界、处理复杂问题，面向对象比面向过程更具有稳定性、便于维护与复用。

2.3　软件设计

软件设计是大型软件系统开发中一个重要阶段，是将软件需求变换成软件表示的过程，包括确定能实现软件功能、性能要求集合的最合理的软件系统结构、设计实现的算法和数据结构。通常将软件设计分为软件系统的体系结构设计、系统接口设计、数据结构设计、软件过程设计和系统界面设计。

2.3.1　软件体系结构设计

软件体系结构在软件开发中为不同的人员提供了共同交流的平台，是软件系统的高级抽象，体现并尝试了系统的早期决策。体系结构在明确了系统的各个组成部分的同时，也限定了各部分间的交互方式。这将进一步影响开发资源的配置和开发团队的组织等其他方方面面的开发活动，并影响着最终的软件产品质量。在大型的软件系统中，软件体系结构是决定系统能否顺利实现的关键因素之一。软件体系结构主要类型包括，共享数据的容器模型、共享服务或服务器形式的客户机/服务器模型、分层模型。

容器模型可以共享数据资源，子系统之间无须进行数据交换。其缺点是大量信息按照统一的容器模型生成，要转换成其他模型会有一定的困难，而且很难将数据分布在多台机器上。

客户机/服务器模型采用的是分布式体系结构，由许多分布式处理器构成的网络系统，采用多种服务器模式，即使变更了某一台服务器，也不会对其他系统有影响。

分层模型支持系统的增量式开发，缺点是所有分层服务都需要内部层提供，最外层的服务要逐层向下访问获取底层的服务，如果分层过多，层间的管理会成为系统的负担。

开发人员可以根据软件的功能来选择合适的体系结构类型，从而提高软件的开发和维护的效率。

2.3.2　软件设计方法

从系统设计的角度出发，软件设计方法可以分为三大类：面向数据流的设计、面向数据结构的设计、面向对象的设计。

1. 面向数据流的设计

面向数据流的设计又称为结构化设计，通常与数据流图衔接起来使用。面向数据流设计方法的过程如下：

1）复审数据流图，必要时可再次进行修改或细化。

2）鉴别数据流图的类型，确定它所代表的软件结构是属于变换型还是事务型。

3）按照结构化设计规定的一组规则，把数据流图转换为初始结构图。

2. 面向数据结构的设计

面向数据结构的设计有三部分组成：

1）研究问题环境，确定要处理的数据的结构。

2）基于数据结构，形成程序结构。

3）用初等操作来定义要完成的任务，并把每一个初等操作分配到程序结构的合适元件中去，对程序结构骨架进一步细化。

3. 面向对象的设计

面向对象设计包括架构设计、用例设计、子系统设计、类设计等。架构设计的侧重点在于系统的体系框架的合理性，保证系统架构在系统的各个非功能性需求中保持一种平衡；子系统设计一般是采用纵向切割，关注的是系统的功能划分；类设计是根据通过一组对象、序列图展示系统的逻辑实现。一般的面向对象设计的过程有以下几个阶段：

1）定义系统上下文和系统与外界系统的交互。

2）设计系统的体系结构。

3）识别出系统的主要对象。

4）构造系统的设计模型。

5）描述系统的对象接口。

2.3.3 界面设计

在人机界面设计中，首先应进行界面设计分析，进行用户特性分析、用户任务分析，记录用户有关系统的概念、术语，按照界面设计原则来执行，通常需要具有兼具开发能力和美工的人员。界面设计必须"以人为本"，因此选择界面设计类型要全面考虑：一方面要从用户状况出发，决定对话应提供的支持级别和复杂程度，选择一个或几个适宜的界面类型；另一方面要匹配界面任务和系统需要，对交互形式进行分类。若在用户需求和系统功能之间发生冲突，则要折中解决。由于界面类型常常要根据现有硬件基础进行选择，限制了许多创新的方法，所以界面类型也将随着硬件环境及计算机技术的发展而丰富。

界面设计原则如下：

1）用户原则，人机界面设计首先要确立用户类型。

2）信息最小量原则，尽量减少用户记忆负担。

3）帮助和提示原则，对用户的操作命令做出反应，帮助用户处理问题。

4）媒体最佳组合原则，注意处理好各种媒体间的关系，恰当选用。

2.4　编码实现

编码实现就是将软件设计结果翻译成用某种程序设计语言书写的程序。作为软件工程过程的一个阶段，编码是对设计的进一步具体化，因此程序的质量主要取决于软件设计的质量。但是，所选用的程序设计语言的特点及编程风格也将对程序的可靠性、可读性、可测试性和可维护性产生深远的影响。

2.4.1　程序设计语言分类

随着计算机技术的快速发展，促使程序设计语言的优化不断进行，出现了适用于不同需求的编程语言，为开发人员提供更多的选择，提高软件开发的效率。

通常将程序设计语言分为面向机器语言和高级语言两大类。机器语言和汇编语言作为第一代编程语言属于面向机器的语言，主要用于软件对执行时间要求严格的情况或直接面向硬件编程的情况。高级语言包括第二代语言 FORTRAN、COBOL、ALGOL60、BASIC（GOTO）和第三代语言 C、PASCAL，以及第四代语言（Fourth-Generation Language，4GL）。第四代语言也称作超高级语言，属于问题导向语言或非程序性语言。其特色是只需写出"做什么"即可，而不必像前三代语言必须写出"如何做"，使得编程人员的效率大幅提升。缺点是此种语言开发的软件执行速度比较慢。理想的高级程序设计语言应具有如下特点：

1）良好的模块化机制。

2）可读性好的控制结构和数据结构。

3）编译程序能够尽可能多地发现程序代码中的错误。

4）良好的独立编译机制。

2.4.2　编码标准

软件开发的规模和需求不断增加，为了降低开发和维护成本，如何生成统一化和标准化的程序，变得迫在眉睫。通常一个软件产品是由一个开发团队来完成的，完成的源代码应该反映出一致的样式，就像一个开发人员在一个会话中编写代码一样。在开始软件项目时，建立编码标准以确保项目的所有开发人员协同工作。

源代码的可读性对于开发人员对软件系统的理解程度有直接影响。代码的可维护性是指为了添加新功能、修改现有功能、修复错误或提高性能，对软件系统进行更改的难易程度。尽管可读性和可维护性是许多因素的结果，但是软件开发中有一个特定的方面受所有开发人员的影响，那就是编码方法。确保开发小组编制高质量代码的最容易方法是建立编码标准，然后在例行代码检查中将执行此标准。

使用一致的编码方法和好的编程做法来创建高质量代码，在软件的品质和性能方面起重要作用。另外，如果一致地应用正确定义的编码标准、应用正确的编码方法并在随后保持例行代码检查，则软件项目更有可能产生出易于理解和维护的软件系统。编码标准可以概括为以下几点：

1）编写结构清晰的程序。

2）编写易于修改和维护的程序。

3）编写易于测试的程序。

4）程序可读性强，与文档同步。

5）减少耦合度。

6）可重用性要求。

2.5 软件测试

任何产品在交付使用之前都必须经过严格的检验过程，由于软件开发的复杂性和困难性，软件产品在交付使用之前尤其应该经过严格的测试。目前，软件测试仍然是保证软件质量的主要途径，它是对软件需求规格说明、软件设计和编码的最后复审。

2.5.1 测试的基本概念

在规定的条件下对程序进行操作，以发现程序错误，衡量软件质量，并对其是否能满足设计要求进行评估的过程，称为软件测试。软件测试是软件工程中不可或缺的部分，将没有通过测试的软件投入使用会造成不可想象的损失。

软件测试一般分为白箱测试和黑箱测试。

1. 白箱测试

白箱测试（white-box testing），又称透明盒测试（glass box testing）、结构测试（structural testing）等，是一种测试软件方法，用来测试应用程序的内部结构或运作，而不是测试应用程序的功能（即黑箱测试）。在白箱测试时，以编程语言的角度来设计测试案例。测试者输入数据验证数据流在程序中的流动路径，并确定适当的输出，类似测试电路中的节点。白箱测试可以应用于单元测试（unit testing）、集成测试（integration testing）和系统的软件测试流程，可测试在集成过程中每一单元之间的路径，或者主系统跟子系统的测试。尽管这种测试的方法可以发现许多的错误或问题，但它可能无法检测未使用部分的规范。

2. 黑箱测试

黑箱测试（black-box testing），也称黑盒测试，是一种软件测试方法，测试应用程序的功能，而不是其内部结构或运作。测试者不需具备应用程序的代码、内部结构和编程语言的专门知识。测试者只需知道什么是系统应该做的事，即当键入一个特定的输入可得到一定的输出。测试案例是依应用系统应该做的功能，照规范、规格或要求等设计。测试者选择有效输入和无效输入来验证输出是否正确。此测试方法可适合大部分的软件测试，如单元测试（unit testing）、集成测试（integration testing）及系统测试（system testing）。

2.5.2 测试策略

测试策略就是如何进行软件测试的计划。在一定的软件测试标准、测试规范的指导下，依据测试项目的特定环境约束而规定的软件测试的原则、方式、方法的集合。软件测试策略包含以下特征：

1）测试从模块层开始，然后扩大延伸到整个基于计算机的系统集合中。

2）不同的测试技术适用于不同的时间点。

3）测试是由软件的开发人员和独立的测试组来管理的。

4）测试和调试是不同的活动，但是调试必须能够适应任何的测试策略。

测试策略包括单元测试、集成测试、系统测试等。单元测试是对软件组成单元进行测试的。其目的是检验软件基本组成单位的正确性，测试的对象是软件设计的最小单位——模块。集成测试也称综合测试、组装测试、联合测试，将程序模块采用适当的集成策略组装起来，对系统的接口及集成后的功能进行正确性检测的测试工作。其主要目的是检查软件单位之间的接口是否正确，集成测试的对象是已经经过单元测试的模块。系统测试主要包括功能测试、界面测试、可靠性测试、易用性测试、性能测试。功能测试主要针对包括功能可用性、功能实现程度（功能流程和业务流程、数据处理和业务数据处理）方面测试。

第二部分

第3章

智能家居网关服务系统

　　智能家居系统将家庭中各种与信息相关的通信设备、家用电器和家庭保安装置，通过家庭总线技术连接到一个家庭智能化系统上进行集中的或异地的监视、控制和家庭事务性管理，并保持这些家庭设施与住宅环境的和谐与协调。这些功能都是通过智能家居系统中的家庭网络控制器来实现的，家庭网络控制器具有家庭总线系统，通过家庭总线系统提供各种服务功能，并和住宅以外的外部世界相连通。可以这样说，智能家居网关服务系统是智能住宅的核心。

3.1　智能家居网关服务系统介绍

　　智能家居网关服务系统用于智能家居系统的控制和远程服务的发布。该软件是物联网智能家居系统协调运行的核心服务程序，是智能家居各个硬件的集成管理平台和智能家居终端远程访问服务器。

3.1.1　功能描述

　　智能家居网关服务系统是针对物联网智能家居系统而设计的，在物联网家电、物联网家庭无线中继器、无线传感器等多种硬件系统的配合下，主要实现智能家居的六大功能：

　　1）家居设备信息的传输和控制。

　　2）家庭安防系统的图像采集。

　　3）基于 WebService（Web 服务）、超文本传输协议（HyperText Transfer Protocol，HTTP）和 TCP 的内外网访问控制服务的发布。

　　4）家居环境的智能控制。

　　5）健康信息的监测和查询、记录。

　　6）定位服务、老年人防走失。

　　下面以面向老年人的智能家居网关服务系统为例进行说明。图 3-1、图 3-2 所示为该智能家居服务器软件界面及用户界面。

　　该软件能够广泛应用于医疗系统监护、普通家庭看管（尤其是有老年人而子女工作繁忙不能陪护的家庭）、养老院的智能化管理及社区服务的优化升级等。

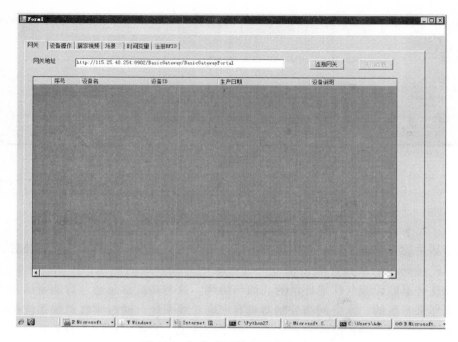

图 3-1　智能家居服务器软件界面

图 3-2　智能家居服务器软件用户界面

3.1.2　软件实现

1. 数据管理

软件能够记录多个用户的信息及健康数据，包括姓名、性别、年龄、电话、地址、学历、月收入、个人爱好、血型、血压、血糖、脉搏、呼吸、病史、过敏史、家庭遗传病史等，通过 SQL 数据库进行保存及实时更新记录，实现多用户的跟踪和健康管理，某示例软件界面如图 3-3 ~ 图 3-6 所示。

北京科技大学老人健康监护服务平台
关爱老人从这里开始（android手机App下载）
用户名
密码
登录
北京科技大学物联网与电子工程系
北京市海淀区学院路30号
邮编：100083

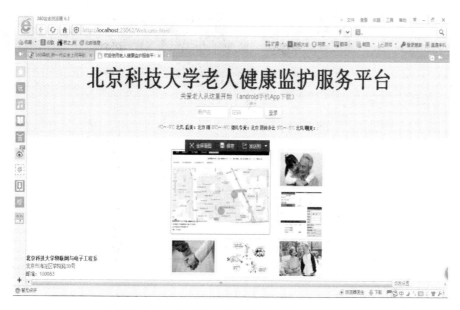

图 3-3　老年人健康监护服务平台登录界面

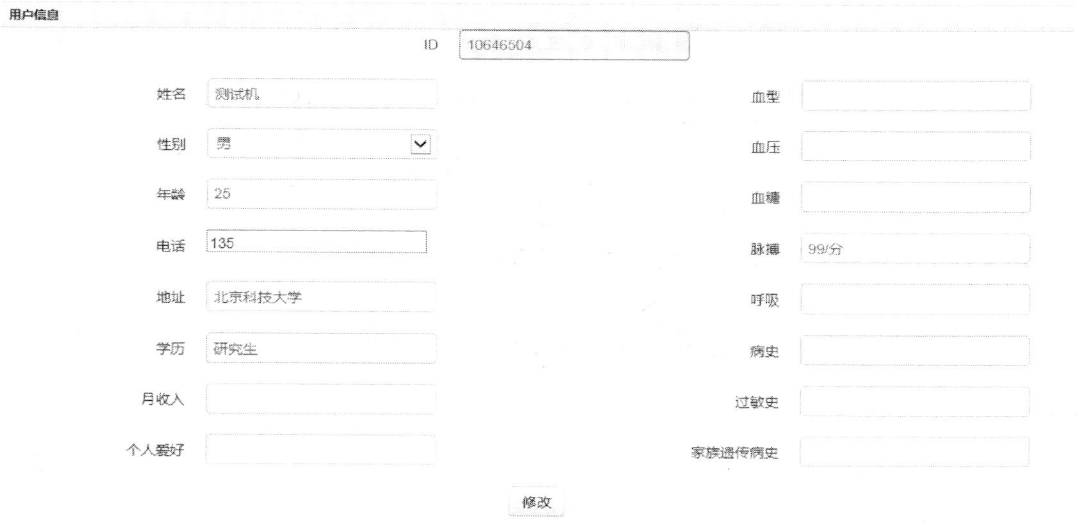

用户信息
ID
10646504
姓名
测试机
性别
男
年龄
25
电话
135
地址
北京科技大学
学历
研究生
月收入
个人爱好
血型
血压
血糖
脉搏
99/分
呼吸
病史
过敏史
家族遗传病史
修改

图 3-4　健康网站用户管理界面

软件能够实现对用户运动数据的跟踪记录并统计其身体消耗能量，以掌握用户的活动量，并可以结合科学运动学及用户自身身体状况规划用户每天所需运动量，以督促其更加健康的生活。具体的运动信息通过记录设备上传到服务器，然后可以显示在健康网站，以供医疗人员分析或者使用者自己查看，如图 3-7 所示。

软件能够完成用户地理信息的定位，依靠手机 GPS 的定位功能将具体的经纬度上传到服务器，以 SQL 数据表的形式存储并跟踪以实时更新。定位信息能够准确记录用户的活动轨迹，此项功能能够很好地解决老年人记忆力减退导致的走失等问题。通过详细的位置定位

图 3-5　数据获取及传输实现基础

	ID	血型	血压	血糖	脉搏	呼吸	病史	过敏史	家族遗传病史
1	10646504								
2	10664218	NULL	NULL	NULL	NULL	NULL	NULL	NULL	NULL
3	13246772	NULL	NULL	NULL	NULL	NULL	NULL	NULL	NULL
4	13331847	NULL	NULL	NULL	NULL	NULL	NULL	NULL	NULL
5	22013666	NULL	NULL	NULL	NULL	NULL	NULL	NULL	NULL
6	31248185	NULL	NULL	NULL	NULL	NULL	NULL	NULL	NULL
7	40735188								
8	43489978	NULL	NULL	NULL	NULL	NULL	NULL	NULL	NULL
9	51426715	A					有		无
10	51426723	AB	101	高			无	无	无
11	52188525	NULL	NULL	NULL	NULL	NULL	NULL	NULL	NULL
12	54210591	NULL	NULL	NULL	NULL	NULL	NULL	NULL	NULL

查询已成功执行。

图 3-6　用户健康信息数据表

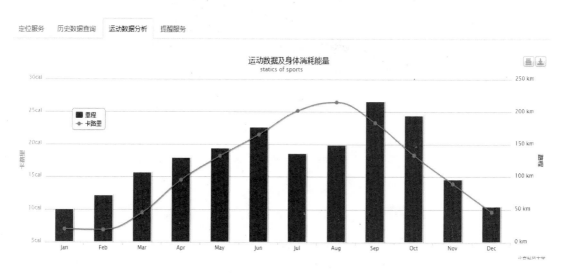

图 3-7　用户运动量及身体消耗统计柱状图

信息系统，家人能够准确找到某一时间用户所在的位置。如图 3-8 ~ 图 3-11 所示，数据库记录了用户的住址信息。

图 3-8　用户住址信息

2. 网络管理

健康监测设备将用户生理数据通过 2.4G 无线通信方式按约定的数据格式发送出去，数据通过 2.4G USB 接收器由服务器接收。服务器将接收到的数据发送给向其请求监测数据的手机端软件。用户可以通过手机端软件查看测量状况，并授权数据上传到数据库。服务器接收到手机端发回的反馈信号后，会对数据进行解析和存储到数据库的操作。用户可以运行监

图 3-9　消息提醒及推送界面

图 3-10　历史数据查询界面

	ID	LNG	LAT	Date
1	08981201 00925685	resultcode	reason	2013-03-05 16:24:03.870
2	10646504	114.066075	22.537825	2013-04-12 13:08:03.083
3	10664218	116.36269	39.998299	2013-04-07 10:49:36.207
4	13246772	116.363102	39.998516	2013-04-08 12:35:25.393
5	13331847	116.365822	39.995559	2013-05-21 21:41:36.900
6	22013666	116.359833	39.999113	2013-05-16 22:08:13.703
7	31248185	116.352133	39.991038	2013-05-30 14:36:23.123
8	40735188	116.36277	39.99791	2013-04-08 14:25:02.430
9	43489978	115.930882	28.641236	2013-05-29 11:41:27.893
10	51426715	116.371904	40.005488	2013-03-27 09:21:06.633
11	51426723	116.36016	39.99287	2013-03-18 09:09:21.673
12	52188525	116.363069	39.998518	2013-05-22 09:53:33.507

图 3-11　用户地理信息数据存储信息

测数据图表分析及健康评估软件对历史数据进行查看，并获得健康测评意见。

　　Socket 通常也称作"套接字"，应用程序通常通过"套接字"向网络发出请求或者应答网络请求。使用 Socket 完成数据通信，如图 3-12 所示。

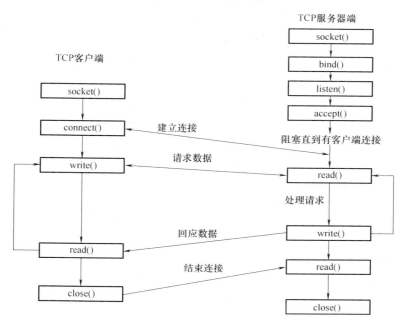

图 3-12　Socket 通信过程

用到的类包括 IPAddress、Dns、Socket、IPEndPoint 等，利用 TCP 编程如下：

（1）服务器端

1）建立 TCP 监听器 TcpListener 对象。

```
IPEndPoint ipep = new IPEndPoint( IPAddress. Any, 9528) ;
TcpListener lisner = new TcpListener( ipep) ;
```

2）启动监听器。

```
lisner. Start( ) ;
```

3）用监听器获取连接进来的套接字（Socket）。

```
Socket client = lisner. AcceptSocket( ) ;
```

4）通过 Socket 的 Receive 方法获取客户端发送的数据。

```
        byte[ ] a = ReceiveData( client, 11) ;
            ……
public static byte[ ] ReceiveData( Socket s, int size)
        {
                int total = 0 ;
                int dataleft = size ;
```

```
                    byte[ ] data = new byte[size];
                    int recv;
                    try
                    {
                            while (total < size)
                            {
                                    recv = s. Receive(data, total, dataleft, SocketFlags. None);
                                    if (recv = = 0)
                                    {
                                            data = null;
                                            break;
                                    }
                                    total + = recv;
                                    dataleft - = recv;
                            }
                    }
                    catch (System. Exception) { }
                    return data;
            }
```

5）通过 Socket 的 Send 方法向客户端发送数据。

```
        IPEndPoint ipep = new IPEndPoint(IPAddress. Any, 9527);
        TcpListener lisner = new TcpListener(ipep);
            lisner. Start();
            ……
        Socket client = lisner. AcceptSocket();
        ……
    client. Send(temp, temp. Length, 0);        //temp 为需要传输的字节数组数据
```

6）在通信结束后，释放资源结束监听。

（2）客户端

1）建立 TCP 客户端 TCPClient 对象。

2）连接服务器。

3）获得客户端网络传输流。

4）通过 Stream 的 Write 方法向服务器端发送的数据。

5）通过 Stream 的 Read 方法读取服务器端发来的数据。

6）在通信结束后，需要释放资源，结束和服务器的连接。

健康历史监测数据的图表分析功能的开发部分用到了 DevEXPRESS。利用 DevEXPRESS
控件，如图 3-13 所示，可以方便地读取数据库数据，绘制 2D/3D 曲线、柱状、饼状图，且

有丰富的表现形式。

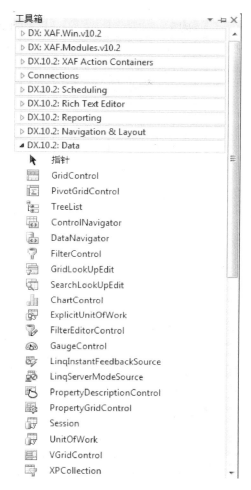

图 3-13　DevEXPRESS 控件

3. 系统启动过程

　　智能家居服务器软件运行在 PC 上，计算机系统应为 Windows XP 操作系统以上，可运行 . NET3. 5 以上版本框架的程序。软件含有设备管理中心和服务管理中心。设备管理中心负责家庭设备的管理和调用，包括环境温湿度、光照度的查询，空调、电视、灯光的操作，摄像头图像和视频的采集，摄像头运动的控制，机器人运动和对话的控制等；服务中心负责发布基于网络的客户端访问应用程序编程接口（Application Programming Interface，API），包括 WebService 方式的访问、Restful 风格的 HTTP 访问、文本方式的 TCP 访问等接口，使服务能够被 PC、手机、平板式计算机等客户端设备远程访问和调用。

　　系统上线后，会自动启动设备管理器，加入各个设备的实例，由设备管理器负责设备的管理和查询，然后启动系统服务管理器，同时打开各个服务，为远程设备的访问提供服务。系统启动过程如图 3-14 所示。

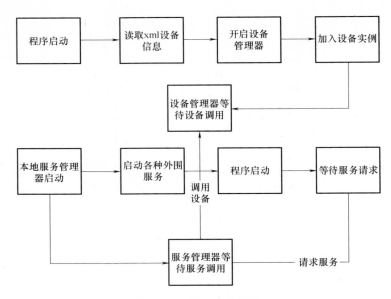

图 3-14　系统启动过程

3.2　API

智能家居服务系统的访问方式有 3 种：基于 HTTP 方式的 WebService 接口、基于 TCP 方式的 WCF 访问接口和 Restful 风格的 HTTP 访问接口。系统能够通过大部分常见的编程语言进行访问和控制，甚至不需要编程，仅使用浏览器就可以控制。因此，该系统在手机和平板式计算机的操作系统上具有良好的易用性。

由于本系统是一个网络服务系统，因此访问接口带有服务的基础 HTTP 地址，地址形如基地址/服务相对地址。例如，假设服务器所在地址为 192.168.1.1，服务端口为 8901，那么 BasicGateway 服务的基地址为 http：//115.25.48.98：8902/BasicGateway/。以这个地址为基础，本系统主要发布了两种服务接口：一个是利用这个地址上的 WSDL 描述文件，由客户端工具直接生成的 WebService 服务 API；另一个是以这个地址为基础，发布的 HTTP 服务 API。

3.2.1　WebService 的 API

1. public GetAgentGatewayInfo（string clientId）

功能：返回网关信息。

参数：clientId——请求服务的客户端 ID。

返回值：InvokeResultGatewayInfo 类型。

说明：向网关请求网关的详细信息。若成功，Result 返回网关信息，Msg 返回 null；若失败，Result 返回 null，Msg 返回错误原因。

2. public GetAliveAgentCount（string clientId）

功能：得到在线设备数量。

参数：clientId——请求服务的客户端 ID。

返回值：InvokeResultInt 类型。

说明：返回设备数量。若成功，返回网关信息，Result 返回设备数量，Msg 返回 null；若失败，Result 返回 null，Msg 返回错误原因。

3. public GetAgentInfo（string clientId，string deviceId）

功能：得到指定 ID 的设备的信息。

参数：clientId——请求服务的客户端 ID；deviceId——请求的目标设备的 ID。

返回值：InvokeResultDeviceInfo 类型。

说明：返回设备信息，包括设备的基本信息、操作信息和状态信息。若成功，Result 返回设备信息，Msg 返回 null；若失败，Result 返回 null，Msg 返回错误原因。

4. public GetAliveAgentInfos（string clientId）

功能：返回所有设备的信息。

参数：clientId——请求服务的客户端 ID。

返回值：InvokeResultDictDeviceInfo。

说明：查阅所有在线设备的信息，返回一个设备信息的字典（Dictionary 结构），Key 是设备 ID，Value 是设备的详细信息。若成功，Result 返回所有设备信息，Msg 返回 null；若失败，Result 返回 null，Msg 返回错误原因。

5. Public GetAgentOperations（string clientId，string deviceId）

功能：获得一个设备所支持的所有操作名称列表。

参数：clientId——请求服务的客户端 ID；deviceId——请求的目标设备的 ID。

返回值：InvokeResultAgentOperList。

说明：当用户给出用户名和设备名时，系统能够返回给用户该设备的所有操作的一个数组。当调用成功时，Result 返回设备的操作列表，Msg 返回 null；当调用失败时，Result 返回 null，Msg 返回错误原因。

6. Public GetAgentOperation（string clientId，string deviceId，string operationName）

功能：调用指定设备的指定操作的操作信息。

参数：clientId——请求服务的客户端 ID；deviceId——请求的目标设备的 ID；operation-Name——操作的名称。

返回值：InvokeResultAgentOperation。

说明：能够返回设备某个操作的操作名、功能、操作参数、返回值类型等信息，向使用者说明该操作的作用、调用方法和返回值的意义。

7. Public GetAgentStatusList（string clientId，string deviceId）

功能：读取设备的所有状态名称列表。

参数：clientId——请求服务的客户端 ID；deviceId——请求的目标设备 ID。

返回值：InvokeResultAgentStatusList。

说明：当用户给出用户名和设备名时，系统能够返回给用户该设备所有状态的数组。当调用成功时，Result 返回设备的状态列表，Msg 返回 null；当调用失败时，Result 返回 null，Msg 返回错误原因。

8. Public GetAgentStatus（string clientId，string deviceId，string statusName）；

功能：查询设备的某个状态值。

参数：clientId——请求服务的客户端 ID；deviceId——请求的目标设备 ID；status-Name——设备状态名称。

返回值：InvokeResultAgentStatus。

说明：当用户输入用户名、设备名称和设备状态名称时，系统告知用户设备的某个状态，如设备是否开启、设备频道是多少等。

9. Public InvokeAgentOperation（string clientId，string deviceId，string operationName，object operParam）

功能：调用设备操作。

参数：clientId——请求服务的客户端 ID；deviceId——请求的目标设备 ID；operation-Name——设备的操作名称；operParam——设备的操作参数。

返回值：InvokeOperationResult。

说明：用户根据用户 ID、设备 ID、操作名称、操作参数，向系统请求某个设备的某个操作，系统调用该设备的相应操作后返回操作结果。如果调用成功，则 Result 包含了设备操作结果转换为 object 类型的值，同时 IsSuccess 返回 True；如果调用失败，则 Result 为 null，同时 IsSuccess 返回 False。

10. Public GetAgentPicture（string clientId，string deviceId）

功能：得到指定 ID 的设备图片。

参数：clientId——请求服务的客户端 ID；deviceId——请求的目标设备 ID。

返回值：base64 编码的 string。

说明：用户请求得到指定设备的设备图片。若是请求成功，系统会返回一个设备图片，由于返回结果是一个可扩展置标语言（Extensible Markup Language，XML）格式的字符串，为防止返回值在传输过程中编码冲突，二进制图片的流被编码为 base64 格式的，客户端需解码为 byte 格式的；请求失败，则返回空字符串。

3. 2. 2　Restful 格式的 API

RestfulService 是一个 HTTP 方式的调用服务，它是为了应对一些客户端无法生成调用代码或者是有的客户端根本就不能进行开发而设计的。它的显著特点是基于 HTTP 调用服务，因此只要在浏览器输入一段地址就可以访问调用服务。

RestFul 的 HTTP 调用就是用 HTTP 方式请求一个网络地址，服务器会返回一个操作结果。HTTP 方式的基地址是 http：//115. 25. 48. 254：8902/RestfulService/。

HTTP 方式访问的地址是，基地址 + 相对地址。其中，相对地址的{}括起来的部分使用真实的数据替换掉，API 的相对地址说明如下。

1. Gateway？clientId ={clientId}

功能：返回网关信息。

参数：clientId——请求服务的客户端 ID。

返回值：InvokeResultGatewayInfo 类型。

说明：向网关请求网关的详细信息。若成功，Result 返回网关信息，Msg 返回 null；若失败，Result 返回 null，Msg 返回错误原因。

2. Devices/｛deviceId｝？clientId =｛clientId｝

功能：返回所有设备的信息。

参数：clientId——请求服务的客户端 ID。

返回值：InvokeResultDictDeviceInfo。

说明：查阅所有在线设备的信息，返回一个设备信息的字典（Dictionary 结构），Key 是设备 ID，Value 是设备的详细信息。若成功，Result 返回所有设备的信息，Msg 返回 null；若失败，Result 返回 null，Msg 返回错误原因。

3. Devices/List？clientId =｛clientId｝

功能：返回所有设备的设备 ID 字符串。

参数：clientId——请求服务的客户端 ID。

返回值：InvokeResultDictDeviceInfo。

说明：查阅所有在线设备的设备 ID，返回一个设备 ID 的数组（Dictionary 结构）。若成功，Result 返回所有设备信息，Msg 返回 null；若失败，Result 返回 null，Msg 返回错误原因。

4. Devices/Count？clientId =｛clientId｝

功能：得到在线设备数量。

参数：clientId——请求服务的客户端 ID。

返回值：InvokeResultInt 类型。

说明：返回设备数量。若成功，返回网关信息，Result 返回设备数量，Msg 返回 null；若失败，Result 返回 null，Msg 返回错误原因。

5. Devices/｛deviceId｝/OperationList？clientId =｛clientId｝

功能：获取一个设备所支持的所有操作的操作名列表。

参数：clientId——请求服务的客户端 ID；deviceId——请求的目标设备 ID。

返回值：InvokeResultAgentOperList。

说明：当用户给出用户名和设备名称时，系统能够给用户返回该设备的所有操作的一个数组。当调用成功时，Result 返回设备的操作列表，Msg 返回 null；当调用失败时，Result 返回 null，Msg 返回错误原因。

6. Devices/｛deviceId｝/｛operationName｝？clientId =｛clientId｝

功能：调用指定设备指定操作的操作信息。

参数：clientId——请求服务的客户端 ID；deviceId——请求的目标设备 ID；operation-Name——操作名称。

返回值：InvokeResultAgentOperation。

说明：能够返回指定设备指定操作的操作名称、功能、操作参数、返回值类型等信息，向使用者说明该操作的作用、调用方法和返回值的意义。

7. Devices/｛deviceId｝/Call？operationName =｛operationName｝&operParams =｛oper-Params｝&clientId =｛clientId｝

功能：调用设备操作。

参数：clientId——请求服务的客户端 ID；deviceId——请求的目标设备 ID；operation-

Name——设备的操作名称；operParam——设备的操作参数。

返回值：InvokeOperationResult。

说明：用户根据用户 ID、设备 ID、操作名、操作参数，向系统请求某个设备的某个操作时，系统会调用该设备的相应操作，并且返回操作结果。如果调用成功，则 Result 包含了设备操作结果转换为 object 类型的值，同时 IsSuccess 返回 True；如果调用失败，则 Result 为 null，同时 IsSuccess 返回 False。

8. Devices/｛deviceId｝/Picture/? clientId =｛clientId｝

功能：得到制指定 ID 的设备图片。

参数：clientId——请求服务的客户端 ID；deviceId——请求的目标设备 ID。

返回值：.jpg 格式的图片。

说明：用户请求指定设备的设备图片。若是请求成功，系统会返回一个 .jpg 格式的设备图片；请求失败，则返回空。

9. Devices/｛deviceId｝/Photo? clientId =｛clientId｝

功能：调用摄像头的拍照功能。

参数：clientId——请求服务的客户端 ID；deviceId——请求的目标设备 ID。

返回值：.jpg 格式的图片。

说明：用户请求摄像头拍照结果。若是请求成功，系统会返回一个 .jpg 格式的图片；请求失败，则返回空。

3.2.3 调试问题

调试时，在 PC 上运行此服务器软件，先出现 DOS 命令窗口，表示开始编译代码，如图 3-15 所示；程序停滞不前，跳出错误提示，如图 3-16 和图 3-17 所示。

图 3-15 单击 DEBUG 后出现命令窗口

```
ServiceHost domainServiceHost = new ServiceHost(typeof(DomainService));
domainServiceHost.Open();

ServiceHost basicServiceHos    ⚠ 未处理 AddressAccessDeniedException
```

图 3-16　错误代码提示

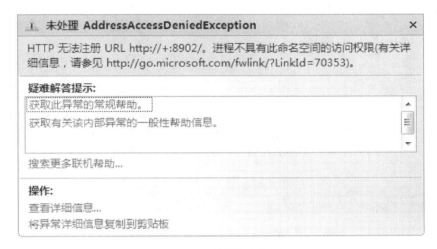

图 3-17　错误信息提示

　　经过对错误信息的分析得知，由于本软件是基于服务器编写的，代码中设置的地址及端口号均指定为某一特定服务器，故可通过远程桌面连接本机，调用服务器来实现软件的运行，从而成功实现对各个硬件的智能控制，运行结果如图 3-18 所示。

图 3-18　服务器模式下的运行结果

通过 IP 地址来操控智能家居中的灯光效果，反馈信息如图 3-19 所示。

图 3-19　通过 IP 地址控制灯光的反馈信息

同时，单击程序主界面中的信息列表来查看本服务器所控制的设备信息，如图 3-20 所示；可以对指定设备进行具体控制操作，如图 3-21 所示；对家居进行实时视频监控，如图 3-22 所示；还可以进行场景设置、时间变量的显示及用户注册，如图 3-23 ~ 图 3-25 所示。

图 3-20　设备信息列表

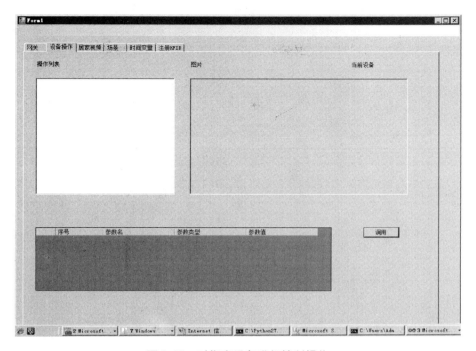

图 3-21　对指定设备进行控制操作

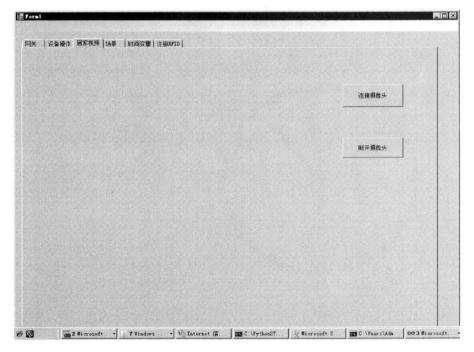

图 3-22　对摄像头进行控制

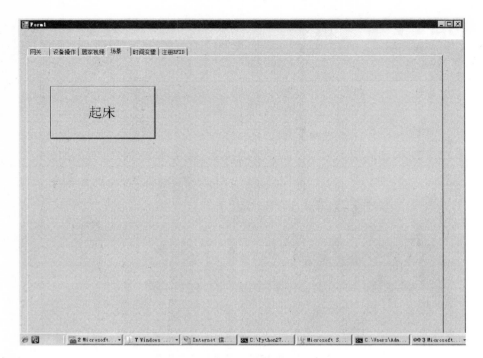

图 3-23　场景模拟

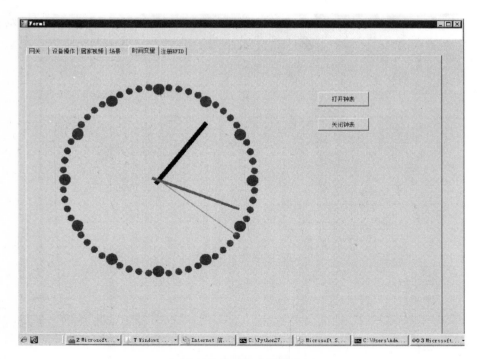

图 3-24　时间变量显示

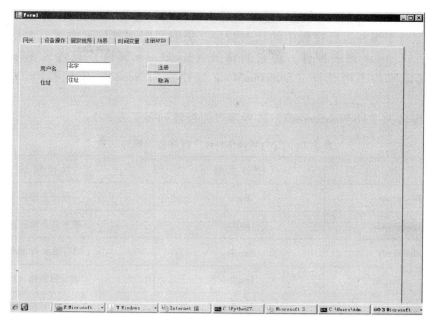

图 3-25 用户注册

3.3 实例分析——MyWebServer

3.3.1 界面设计

MyWebServer 使用 C#语言编写，利用 TCP 短连接方式实现服务器的请求访问与数据响应。服务器示例的设计界面如图 3-26 所示。

图 3-26 服务器示例的设计界面

程序将服务配置（包括 IP/端口地址设置、根目录设置及服务启动/停止）功能以图形方式提供，但对于服务运行过程中的状态监控，仍旧采用字符显示方式，如图 3-26 所示。程序使用一个 ListBox 列表控件，将它的背景（BackColor 属性）设置为 WindowText（黑色），并将其设置为不可选择（SelectionMode 属性置为 None），实现模拟 DOS 命令行的效果。

软件工程名为"MyWebServer"，其程序界面控件列表见表 3-1。

表 3-1　"MyWebServer"程序界面控件列表

名　　称	控件类型	功 能 描 述
frmWebServer	Form	程序主窗体
listBoxStatusView	ListBox	服务状态监控区
tbxWebServerIP	TextBox	填写服务 IP 地址
tbxWebServerPort	TextBox	填写服务端口号
tbxWebRoot	TextBox	设置填写根目录
btnStartStop	Button	服务"启动/停止"按钮

3.3.2　程序流程图

TcpListener 类实现流程如图 3-27 所示。

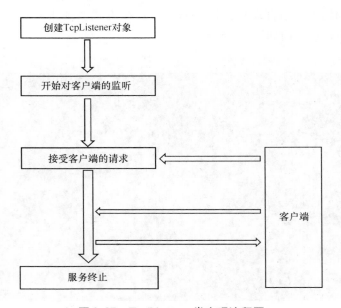

图 3-27　TcpListener 类实现流程图

3.3.3 功能实现

1. 创建 TcpListener 对象，开始对客户端的监听

如图 3-28 所示，InstanceLst 是 TcpListener 类对象，ListTh 是监听线程（见图 3-29）。

```
//创建TCPLISTENER对象，开始兼听端口
InstanceLst = new TcpListener(IPAddress.Parse(tbxWebServerIp.Text), int.Parse(tbxWebServerPort.Text));
InstanceLst.Start();
listBoxStatusView.Enabled = true;
listBoxStatusView.Items.Clear();
listBoxStatusView.Items.Add("启动 Web 服务...\r\n");
//同时启动一个兼听进程''StartListen''
ListTh = new Thread(new ThreadStart(StartListen));
ListTh.Start();
listBoxStatusView.Items.Add("启动成功!\r\n");
listBoxStatusView.Items.Add("Web 服务运行中...[单击【停止】退出]\r\n");
btnStartStop.Text = "停止";
```

图 3-28 创建 TCP 监听对象并启动监听进程源代码

```
private TcpListener InstanceLst = null;//定义TcpListener 类对象
private Thread ListTh;//定义监听线程，执行startlisten ( ) 方法
```

图 3-29 定义监听线程

如图 3-30 所示，监听线程 ListTh 执行 startlisten 方法。

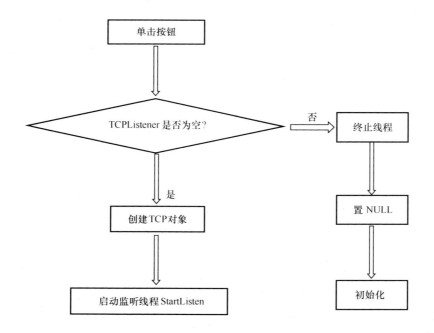

图 3-30 启动 TcpListener 流程图

2. 接受客户端请求

如图 3-31 所示，用 InstanceLst 对象的 AcceptSocket（）方法接收客户端的请求，并且建立与客户端连接的 Socket（mySocket）。

```
while (true)
{
    //接受新连接
    Socket mySocket = InstanceLst.AcceptSocket();
    listBoxStatusView.Items.Add("Socket 类型：" + mySocket.SocketType);
    listBoxStatusView.TopIndex = listBoxStatusView.Items.Count - 1;
    if (mySocket.Connected)//如果连接成功，则执行后续处理
    {
        listBoxStatusView.Items.Add("客户端连接  IP " + mySocket.RemoteEndPoint.ToString());
        listBoxStatusView.TopIndex = listBoxStatusView.Items.Count - 1;
        //读取请求内容，进行处理，在连接成功后，服务器取得WEB浏览器的HTTP请求，使用SOCKET类的receive方法取得该请求
```

图 3-31　接收客户端请求

3. 读取请求内容，进行处理

在连接成功后，服务器取得 Web 浏览器的 HTTP 请求，使用 Socket 类的 Receive 方法取得该请求。其示例如图 3-32 所示。

```
Byte[] bReceive = new Byte[1024];
try
{
    int i = mySocket.Receive(bReceive, bReceive.Length, 0);
}
catch (Exception e)
{
    listBoxStatusView.Items.Add(e.ToString());
    break;
}
//转换成字符串类型
string sBuffer = Encoding.ASCII.GetString(bReceive);
```

图 3-32　Socket 类的 Receive 方法取得请求代码示例

服务器将取得的 HTTP 请求内容转换成字符串，存储在缓冲区 sBuffer 中，以便进一步处理。由于 HTTP 本身比较复杂，本程序为了简单起见，只处理客户端请求的 GET 方法，该方法是客户端请求下载 Web 网页的方法，是最常用的。处理 GET 请求如图 3-33 所示。

经过此番处理，Web 服务器从 HTTP 请求报文中解析出客户端想要浏览资源的文件名和其所在目录。默认这个文件所在目录是用户在软件界面"根目录"一栏中所填写的路径，也就是服务器的程序代码中定义的虚拟目录：

```
String sMyWebServerRoot = tbxWebRoot.Text;//设置你的虚拟目录( Web 服务的根目录)
tbxWebRoot.Text = "E:\\MyWebServerRoot\\";
```

服务器程序必须从这个虚拟目录下寻找对应的文件是否存在，如图 3-34 所示。

4. 处理结束，向客户端返回响应数据

如图 3-34 所示，根据处理结果向客户端浏览器发出不同的响应。如果客户端请求的文件不存在，则返回错误信息：

```
if (sBuffer.Substring(0, 3) != "GET")
{
    listBoxStatusView.Items.Add("只处理 GET 请求类型!");
    mySocket.Close();
    return;
}

//查找 "HTTP" 的位置
iStartPos = sBuffer.IndexOf("HTTP", 1);
string sHttpVersion = sBuffer.Substring(iStartPos, 8);
//得到请求类型和文件目录文件名
sRequest = sBuffer.Substring(0, iStartPos - 1);
sRequest.Replace("\\", "/");
//如果结尾不是文件名也不是以"/"结尾则加"/"
if ((sRequest.IndexOf(".") < 1) && (!sRequest.EndsWith("/")))
{
    sRequest = sRequest + "/";
}
//得到请求文件名
iStartPos = sRequest.LastIndexOf("/") + 1;
sRequestedFile = sRequest.Substring(iStartPos);
//得到请求文件目录
sDirName = sRequest.Substring(sRequest.IndexOf("/"), sRequest.LastIndexOf("/") - 3);
```

图 3-33　处理 GET 请求的示例

```
if (File.Exists(sPhysicalFilePath) == false)
{
    sErrorMessage = "<H2>404 Error!File Does Not Exists...</H2>";
    SendHeader(sHttpVersion, "", sErrorMessage.Length, "404 Not Found", ref mySocket);
    SendToBrowser(sErrorMessage, ref mySocket);
    listBoxStatusView.Items.Add(sFormattedMessage);
    listBoxStatusView.TopIndex = listBoxStatusView.Items.Count - 1;
}
```

如果文件存在，则返回网页内容至客户端 Web 浏览器：

```
else
{
    int iTotBytes = 0;
    sResponse = "";
    FileStream fs = new FileStream(sPhysicalFilePath, FileMode.Open, FileAccess.Read, FileShare.Read);
    BinaryReader reader = new BinaryReader(fs);
    byte[] bytes = new byte[fs.Length];
    int read;
    while ((read = reader.Read(bytes, 0, bytes.Length)) != 0)
    {
        sResponse = sResponse + Encoding.ASCII.GetString(bytes, 0, read);
        iTotBytes = iTotBytes + read;
    }
    reader.Close();
    fs.Close();
    SendHeader(sHttpVersion, sMimeType, iTotBytes, "200 OK", ref mySocket);
    SendToBrowser(bytes, ref mySocket);
}
```

由上述程序可以看到，Web 服务器响应客户端是分两步动作完成的：返回 HTTP 响应头，用 SendHeader() 方法；返回响应数据（包含网页内容），用 SendToBrowser() 方法。

59

```
//获取虚拟目录物理路径
sLocalDir = sMyWebServerRoot;
listBoxStatusView.Items.Add("请求文件目录: " + sLocalDir);
listBoxStatusView.TopIndex = listBoxStatusView.Items.Count - 1;
if (sLocalDir.Length == 0)
{
    sErrorMessage = "<H2>错误!!请求的目录不存在</H2><Br>";
    SendHeader(sHttpVersion, "", sErrorMessage.Length, "404 Not Found", ref mySocket);
    SendToBrowser(sErrorMessage, ref mySocket);
    mySocket.Close();
    continue;
}
```

```
if (sRequestedFile.Length == 0)
{
    //取得请求文件名
    sRequestedFile = "index.html";
}
//取得请求文件类型(设定为text/html)
String sMimeType = "text/html";
sPhysicalFilePath = sLocalDir + sRequestedFile;
listBoxStatusView.Items.Add("请求文件: " + sPhysicalFilePath);
listBoxStatusView.TopIndex = listBoxStatusView.Items.Count - 1;
if (File.Exists(sPhysicalFilePath) == false)
{
    sErrorMessage = "<H2>404 Error!File Does Not Exists...</H2>";
    SendHeader(sHttpVersion, "", sErrorMessage.Length, "404 Not Found", ref mySocket);
    SendToBrowser(sErrorMessage, ref mySocket);
    listBoxStatusView.Items.Add(sFormattedMessage);
    listBoxStatusView.TopIndex = listBoxStatusView.Items.Count - 1;
}
```

```
else
{
    int iTotBytes = 0;
    sResponse = "";
    FileStream fs = new FileStream(sPhysicalFilePath, FileMode.Open, FileAccess.Read, FileShare.Read);
    BinaryReader reader = new BinaryReader(fs);
    byte[] bytes = new byte[fs.Length];
    int read;
    while ((read = reader.Read(bytes, 0, bytes.Length)) != 0)
    {
        sResponse = sResponse + Encoding.ASCII.GetString(bytes, 0, read);
        iTotBytes = iTotBytes + read;
    }
    reader.Close();
    fs.Close();
    SendHeader(sHttpVersion, sMimeType, iTotBytes, "200 OK", ref mySocket);
    SendToBrowser(bytes, ref mySocket);
}
```

图 3-34 获取请求文件

（1）HTTP 响应头

所有 HTTP 响应头第一行都是状态行，该行的内容依次是当前的 HTTP 版本号，3 位数字组成的状态码及描述状态的短语，各项之间用空格分隔，状态行之后是标头信息。一般情况下，服务器会返回一个名为 Date 的标头，表示相应生成的日期和时间，同时服务器还可能会返回一些关于其自身的信息。接下来的两个标头是 Conten-Type 和 Content-Length。在返回信息中，首部 Content-Type 指定了 MIME 类型 HTML（text/html），编码类型是 GB2312。

本程序用 SendHeader( ) 方法给响应头各字段赋值，程序如下：

```
//给响应头各个字段赋值
public voidSendHeader ( string  sHttpVersion, string  sMINEHeader, int  iTotBytes, string  sStatus-
Code, refSocket mySocket)
{
String sBuffer = "";
if (sMIMEHeader.Length == 0)
{
    sMIMEHeader = "text/html";                    //默认 text/html
}

sBuffer = sBuffer + sHttpVersion + sStatusCode + "\r\n";
sBuffer = sBuffer + "Server:cx1193719-b\r\n";
sBuffer = sBuffer + "Content-Type:" + sMIMEHeader + "\r\n";
sBuffer = sBuffer + "Accept-Ranges:bytes\r\n";
sBuffer = sBuffer + "Content-Length:" + iTotBytes + "\r\n\r\n";

Byte[] bSendData = Encoding.ASCII.GetBytes(sBuffer);
SendToBrowser(bSendData, ref mySocket);
listBoxStatusView.Items.Add("总字节: " + iTotBytes.ToString());
listBoxStatusView.TopIndex = listBoxStatusView.Items.Count - 1;
```

（2）HTTP 响应数据

HTTP 响应数据是 Web 服务器向浏览器返回信息的主体部分，在不出错的情况下，它所包含的就是所请求资源（网页）的 HTML 源文件的内容。对于客户端浏览器来说，它接收到的 HTTP 响应之后，会自动分析 HTML 源文件，然后再将其显示出来，这就是通过浏览器看到的界面。本程序用 SendToBrowser( ) 方法返回响应数据，程序如下：

```
public void SendToBrowser(String sData, ref Socket mySocket)
{
    SendToBrowser(Encoding.ASCII.GetBytes(sData), ref mySocket);
}

public void SendToBrowser(Byte[] bSendData, ref Socket mySocket)
{
    int numBytes = 0;
    try
    {
        if (mySocket.Connected)
        {
            if ((numBytes = mySocket.Send(bSendData, bSendData.Length, 0)) == -1)
                listBoxStatusView.Items.Add("Socket 出错!无法发送数据包.");
            else
            {
                listBoxStatusView.Items.Add("发送字节数 " + numBytes.ToString());
                listBoxStatusView.TopIndex = listBoxStatusView.Items.Count - 1;
```

```
            }
        }
    else
        listBoxStatusView.Items.Add("连接失败!");
    }
    catch (Exception e)
    {
        Console.WriteLine("发生错误:{0}", e.ToString());
    }
}
```

这里并没有指明客户端使用的是哪种请求类型，因为请求是由客户端发出的，客户端自然知道每种类型的请求将返回什么数据，也知道如何处理服务器返回的数据，所以不需要服务器告诉它响应的是哪种类型的请求。

3.3.4 调试

查看网络连接状态，确定本机 IP 地址，以此作为服务器地址并启动服务器，如图 3-35 所示。

图 3-35　启动服务器

通过浏览器地址栏输入本服务器地址，并进行相应文件的请求，在图 3-36 所示界面可以看到服务器端显示出具体的文件路径及字节数，并通过 Socket 进行数据流传送，完成响应。

浏览器成功接收到服务器返回的数据流，并通过解码，显示到页面上，如图 3-37 ~ 图 38 所示。再次试验，请求读取根目录下的一个 txt 文档，浏览器地址栏键入地址和文件名称

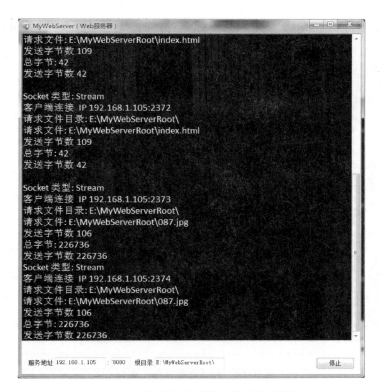

图 3-36　有请求访问时服务器端显示界面

后，服务器端显示数据信息，同时可以在浏览页面上之间看到文本信息，如图 3-39 ~ 图 41 所示。

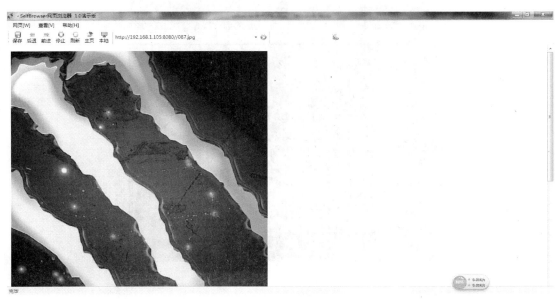

图 3-37　浏览器成功显示图片

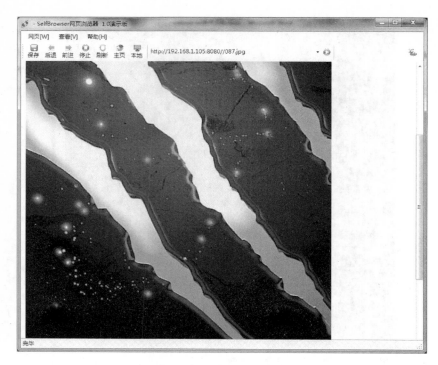

图 3-38　成功读取并显示图片

图 3-39　请求文档信息后服务器的处理信息

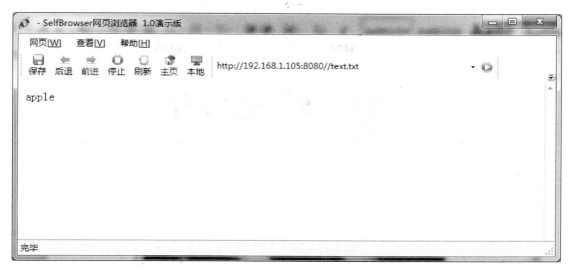

图 3-40　浏览器成功显示文本信息

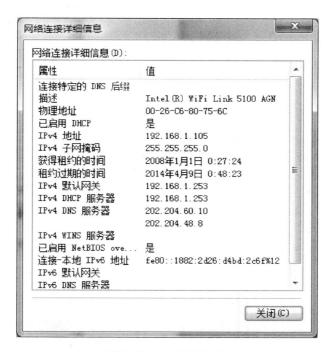

图 3-41　本机 IP 信息

至此，本程序能够实现服务器的基本读取访问功能。

第4章

智能社区管理系统

　　智能社区管理软件主要包括健康社区、爱老社区、节能社区、平安社区、绿色社区、智能家居、社区医疗、一卡通和系统设置等功能模块，主要实现对用户健康状况的测量和管理、对家居系统的智能控制与安全监控、对社区医疗方面的管理等。

　　智能社区管理软件是在 Visual Studio 软件中编写的，界面使用 Windows 呈现基础（Windows Presentation Foundation，WPF）技术编写，代码为 XAML 格式，后台用 C#编写。

4.1　健康社区的功能及实现

4.1.1　软件管理界面的实现

　　打开软件，进入登录界面，如图 4-1 所示。单击"登录"按钮，进入软件管理界面，默认的界面为"健康社区"模块，软件管理界面如图 4-2 所示。

图 4-1　登录界面

图 4-2　软件管理界面

下面这段代码执行主界面启动后的动作，既主界面启动后开启登录界面。

```
public MainWindow()
        {
            InitializeComponent();
            _instance = this;
            new Login().ShowDialog();    //启动程序后开启登录界面
        }
```

因为软件管理界面中引用了部分从网上下载的控件素材，所以在界面代码的最开始，需要对控件素材的源头进行引用，以保证控件素材可以使用。下面的程序代码主要是用于描绘选项卡，界面如图 4-3 所示。

```
<dui:DazzleWindow x:Class = "DazzleUI2. Demo. MainWindow"
        xmlns = "http://schemas. microsoft. com/winfx/2006/xaml/presentation"
        xmlns:x = "http://schemas. microsoft. com/winfx/2006/xaml"
        xmlns:dui = "clr- namespace:WPF. DazzleUI2. Controls;assembly = WPF. DazzleUI2"
            Title = "MainWindow" Height = "610" Width = "910"
        xmlns:dxe = "http://schemas. devexpress. com/winfx/2008/xaml/editors"
        xmlns:dxga = "http://schemas. devexpress. com/winfx/2008/xaml/gauges"
        xmlns:dxr = "http://schemas. devexpress. com/winfx/2008/xaml/ribbon"
        xmlns:dx = "http://schemas. devexpress. com/winfx/2008/xaml/core"
        xmlns:my1 = "clr- namespace:DazzleUI2. Demo"
        xmlns:dxg = "http://schemas. devexpress. com/winfx/2008/xaml/grid"
        xmlns:dxlc = "http://schemas. devexpress. com/winfx/2008/xaml/layoutcontrol"
        xmlns:dxc = "http://schemas. devexpress. com/winfx/2008/xaml/charts"
        xmlns:my = "clr- namespace:DazzleUI2. Demo" Loaded = "DazzleWindow_Loaded"
    Closing = "DazzleWindow_Closing" >
<dui:DazzleTabControl Grid. Row = "1" BorderBrush = "{x:Null}" BorderThickness = "0" >
<dui:DazzleTabItem >
    <dui:DazzleTabItem >
    <dui:DazzleTabItem >
    <dui:DazzleTabItem >
    <dui:DazzleTabItem >
    </dui:DazzleTabControl >
```

图 4-3　选项卡界面

单击各按钮进入选项卡对应的页面，一开始是空的，需要在对应的页面下布置下方界面。

```
< dui:DazzleTabItem Width = "80" Height = "75" Foreground = "Black" Margin = "10,0,
0,0" Header = "健? 康¦i 社¦? 区?" >
    < dui:DazzleTabItem. Background >
    < ImageBrush ImageSource = "Skin/Icon/ico_Examine. png"/ >
    </dui:DazzleTabItem. Background >
    < dui:DazzleTabItem. MyMoverBrush >
    < ImageBrush ImageSource = "Skin/Bd/mover. png"/ >
    </dui:DazzleTabItem. MyMoverBrush >
    < dui:DazzleTabItem. MyEnterBrush >
    < ImageBrush ImageSource = "Skin/Bd/enter. png"/ >
    </dui:DazzleTabItem. MyEnterBrush >
    < Grid >
    < Grid. Background >
    < ImageBrush ImageSource = "Skin/Bd/background_bluemain. jpg" Opacity = "0. 5"/ >
    </Grid. Background >
    < my:UserControlUserSelect x:Name = "userControlUserSelect" Margin = "0,10,-15,4"
HorizontalAlignment = "Right" Width = "214" / >
    < my:UserControl1 x:Name = "userControl1" Margin = "10,10,202,4" / >
    </Grid >
```

上面这段 XAML 代码是用于描绘健康社区按钮下的对应界面，其中设置了页面背景等属性。值得注意的是，在页面的 Grid 中引用了自制控件 UserControlUserSelect 和 UserControl1。通过修改这两个控件可对当前对应界面进行更新，在其他界面下可以直接引用这些控件。

```
//最大化或恢复原尺寸按钮
        private void DazzleButton_Click_1( object sender, RoutedEventArgs e)
        {
            if( isWindowsFull)
            {
                isWindowsFull = false;
                this. WindowState = System. Windows. WindowState. Normal;
            }
            else
            {
                this. WindowState = System. Windows. WindowState. Maximized;
                isWindowsFull = true;
```

```
                }
          }
//最小化界面按钮
      private void DazzleButton_Click_2(object sender, RoutedEventArgs e)
          {
              this.WindowState = System.Windows.WindowState.Minimized;
          }
```

　　上面的代码主要是定义了两个按钮的动作，通过调用系统本身自带的控制窗口大小方法来实现按钮最大化、最小化。

4.1.2　用户管理功能的实现

1. 用户管理界面实现

　　在软件管理界面右侧为用户选择区。选择社区，单击界面"打开列表"按钮，获得用户列表，如未选择社区，则默认打开所有社区的用户列表，或在文本框中输入要查询的用户名或用户 ID，单击对应按钮获得查询用户结果。在列表中单击用户名可以看到上方的用户名及用户 ID。单击"关闭列表"按钮可将列表清空。图 4-4 所示为列表查询，图 4-5 所示为姓名查询，图 4-6 所示为 ID 查询。

　　图 4-4　列表查询　　　　　图 4-5　姓名查询　　　　　图 4-6　ID 查询

```
      <Button Content = "ID 查询" Height = "23" HorizontalAlignment = "Right" Margin = "0,
198,34,0" Name = "btn_health_userid_inquiry" Style = "{DynamicResource Win8ButtonStyle}"
VerticalAlignment = "Top" Width = "64" Click = "btn_health_userid_inquiry_Click" />
      <TextBox Height = "23" HorizontalAlignment = "Left" Margin = "28,169,0,0" Name =
"inquirytext" VerticalAlignment = "Top" Width = "120" />
```

　　上面代码中有两个控件，一个是用于 ID 查询的 Button 控件，一个是用于收集查询文本的 TextBox 控件。两个控件都被赋予了对应的 Name，这样在后台容易进行分辨及调用。

需要注意的是，Button 控件使用了引用已经定义好的按钮样式，此处使用的是 Win8ButtonStyle，在工程下可以找到此文件进行编辑。编辑原始按钮样式可以让所有引用此样式的按钮一起进行更改，方便快捷。

2. 控件功能实现

```
public string CurrentUser ｛ get ｛ return lb_health_current_user. Content. ToString( ) ; ｝ ｝
        public string CurrentUserId ｛ get ｛ return
```

因为作为用户选择界面，在选择用户后其他的页面控件需要根据所选用户进行操作，所以上面的代码将选择的用户名与 ID 作为一个公共量供其他控件使用。

```
userIdlist. Clear( ) ;
        userNamelist. Clear( ) ;
        lb_health_current_userid. Content = null；//清空用户 ID Lable
        currentPage = 1；
        lb_heatlh_current_page. Content = currentPage. ToString( ) ;//页数设置为 1
        int communityNum = cb_community. SelectedIndex + 1；//获取社区选项框的值
        string communityName = cb_community. SelectedItem. ToString( ) ;
        bool connected = MainWindow. Instance. UserControlSettings. connected；//接收网
络连接情况
        ///向数据库查询用户名与 ID 列表
         userNamelist = dataHandler. getAllUserNameList ( userNamelist , communityName ,
connected ) ;

        userIdlist = dataHandler. getAllUserIDList( userIdlist , communityName , connected ) ;
        pagecontrol( ) ;//根据页数选取数据
        userNumber = userNamelist. Count；
        //计算出最大页数
        if( userNumber % 10 ==0 )//若数目为整 10
        ｛
            maxPage = userNumber / 10；
        ｝
        else
        ｛
            maxPage = userNumber / 10 + 1；
        ｝
        btn_close_list. IsEnabled = true；
        btn_health_user_pre. IsEnabled = false；
        btn_health_user_nex. IsEnabled = true；
        //若达到最大页数,使下一页按钮无法使用
        if( currentPage == maxPage )
```

上面这段代码是"打开列表"按钮对应的代码。先是从"系统设置"页面控件中获取到网络连接情况的值，若连接则从服务器中获取数据，若未连接则从本地数据库中获取数据；然后，通过使用 dataHandler 类中的方法，根据选取的社区及网络连接情况获取用户名列表及用户 ID 列表。

为了达到分页的效果，只取前 10 个用户名及其 ID 放入当前页列表中，并将当前页用户名列表绑定到 ListBox 中进行显示。同时，统计出查询到的总用户数计算得出列表的总页数，然后根据总页数对按钮是否可以使用进行判断和设定（如到了最大页数时使"下一页"按钮无法使用）。

用户姓名查询和用户 ID 查询按钮使用了类似的代码。

```
//上一页按钮方法
        private void btn_health_user_pre_Click(object sender, RoutedEventArgs e)
        {
            btn_health_user_nex. IsEnabled = true;
            if(currentPage > 1)
            {
                currentPage--;
                lb_heatlh_current_page. Content = currentPage. ToString();
            }
            if(currentPage == 1)//当已经是第一页时,使上一页按钮不能使用
            {
                btn_health_user_pre. IsEnabled = false;
            }
            pagecontrol();//根据页数选取数据
        }
```

上面这段代码是"上一页"按钮对应的代码。首先，根据当前页数与最大页数对比来确定状态，对按钮状态进行设置；之后，调用 pagecontrol（）方法将这页所需显示的用户名显示出来。"下一页"按钮使用了类似的代码。

```
        //选项框选择改变时,根据选择用户名查询用户 ID
        private void list_health_users_SelectionChanged(object sender, Selection-
ChangedEventArgs e)
        {
            int selectednum = list_health_users. SelectedIndex;
            if(selectednum ! = -1)              //如果有选中项时执行
            {
                lb_health_current_userid. Content = userIDlistNow[selectednum];//根
据选框中的项目号来取出用户对应 ID 放入 Lable 中
            }
        }
```

上面这段代码为 ListBox 中选项发生改变，即选中用户时的处理方法。if（selectednum
!=-1）语句，主要用于避免当列表栏为空时发生错误，之后根据选中的用户名在当前页列
表中所在的位置，选出对应的用户 ID，将两个放入到 Lable 中进行显示。

```
///  < summary >
    /// 根据页数选取数据方法
    ///  </summary>
    private void pagecontrol( )
    {
        userNamelistNow. Clear( );
        userIDlistNow. Clear( );   //清空两个 list
        list_health_users. DataContext = null; //清空 listbox
        int firstItemNum = ( ( currentPage - 1 ) * 10 ); //当前页第一项的序号
        int lastItemNum = currentPage * 10; //当前页最后一项的序号
        //根据页数取出对应项目
        for( int i = firstItemNum; i  <  lastItemNum; i ++ )
        {
            try
            {
                userNamelistNow. Add( userNamelist[ i ] );
                userIDlistNow. Add( userIdlist[ i ] );
            }
            catch   //若不满 10 个记录
            {
                list_health_users. DataContext = userNamelistNow;   //将 List 绑定
到 ListBox 中
                return;
            }
        }
        list_health_users. DataContext = userNamelistNow;   //将 List 绑定到 ListBox 中
```

上面这段代码实现了显示每一页用户列表的方法。首先清空两个 List，之后根据
页数计算出要显示的项目的序号，将项目从所有用户的列表中取出，并显示在 List-
Box 中。

3. 程序流程图

"打开列表"按钮程序流程图（用户名查询按钮、ID 查询按钮都用到类似的流程）如
图 4-7 所示。

用户选择 pagecontrol（）方法程序流程图（查询健康数据历史同名方法使用类似的流
程）如图 4-8 所示。

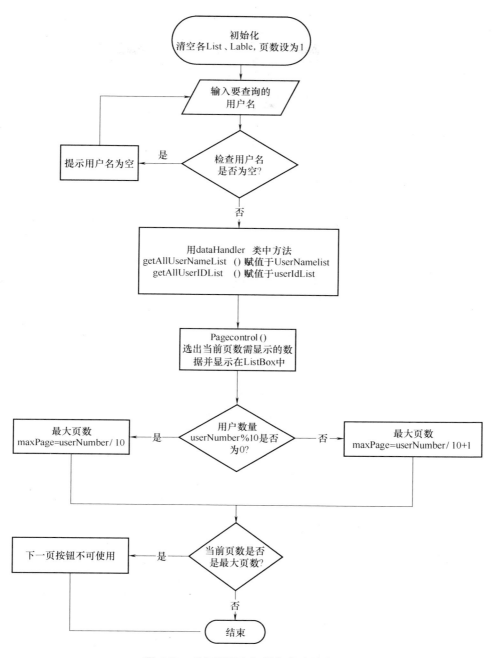

图 4-7 "打开列表"按钮程序流程图

4.1.3 健康数据管理功能的实现

1. 界面实现

软件管理界面中间部分为用户健康数据测量窗口，主要设备包括体重计、耳温枪、血压计、脂肪仪、血压仪、血糖仪和心电图。各测量设备如图 4-9～图 4-15 所示。

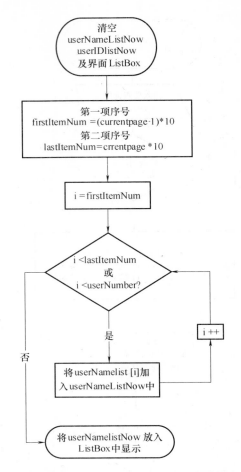

图 4-8　用户选择 **pagecontrol( )** 方法程序流程图

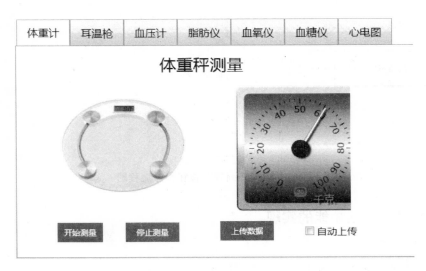

图 4-9　体重计

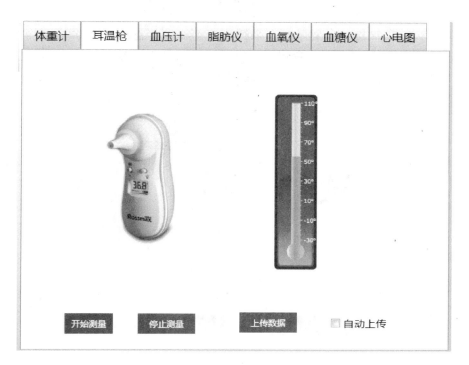

图 4-10　耳温枪

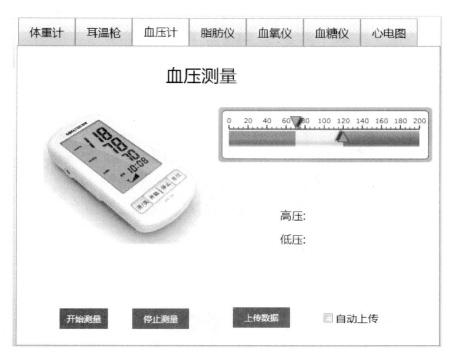

图 4-11　血压计

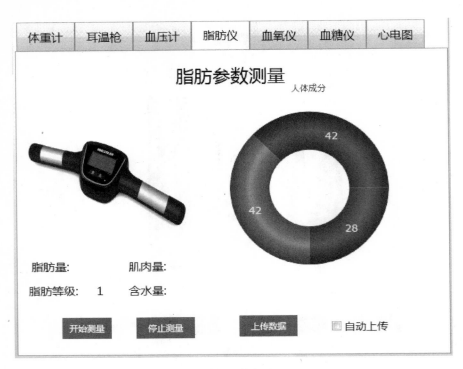

图 4-12　脂肪仪

图 4-13　血氧仪

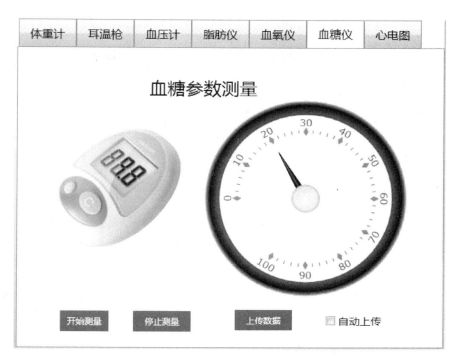

图 4-14　血糖仪

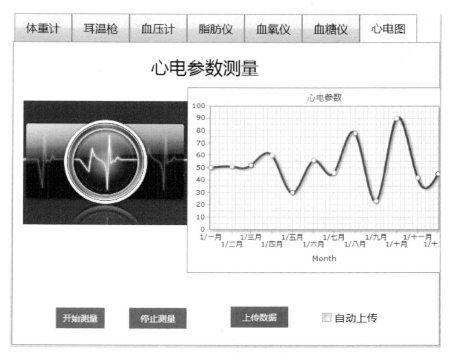

图 4-15　心电图仪

在选项卡中选择需要测量的项目，进入测量页面，单击"开始测量"按钮，界面会显示测量到的数据；单击"停止测量"按钮，获取到最后的数据；单击"上传数据"按钮，将数据传送到服务器中保存。如果选中"自动上传"复选框，单击"停止测量"按钮后将自动上传数据，依次测量和上传各种测量数据。

```
< vg:Gauge Type = "Circular" DefaultTemplate = "LinearGaugeBasic" AnimationEnabled
= "true" CornerRadius = "7" OuterCornerRadius = "7" OuterBorderThickness = "2" >
    < vg:Gauge. OuterBorderBrush >
    < vg:Gauge. Background >
    < vg:Gauge. OuterBackground >
    < vg:Gauge. CircularScales >
    < vg:Gauge. Indicators >
</vg:Gauge >
```

上面这段 XAML 代码描绘的是体重计页面中体重计图表，是从某素材中选取的。通过研究可以发现要使体重计的指针发生改变，需要在 vg：Gauge. Indicators 中找到 Indicators 的 Value。通过对这个值进行赋值，体重计中的指针将指向对应的位置，所以后台代码在编写时，将对这个值进行赋值。耳温枪、血压计的图表中使用了类似的设置。

```
< vc:Chart BorderBrush = "White" Margin = "247,34,37,82" Padding = "8" Theme = "
Theme1" Name = "fatdata" >
    < vc:Chart. Series >
        < vc:DataSeries Bevel = "False" LabelFontFamily = "Verdana" LabelFontSize = "14"
LabelStyle = "Inside" LabelText = "#YValue" RenderAs = "Doughnut" ShowInLegend = "False" >
        < vc:DataSeries. DataPoints >
        < vc:DataPoint AxisXLabel = "脂肪量" YValue = "28" />
        < vc:DataPoint AxisXLabel = "肌肉量" YValue = "42" />
        < vc:DataPoint AxisXLabel = "含水量" YValue = "42" />
        </vc:DataSeries. DataPoints >
        </vc:DataSeries >
    </vc:Chart. Series >
    < vc:Chart. Titles >
        < vc:Title Text = "人体成分" />
    </vc:Chart. Titles >
</vc:Chart >
```

上面这段 XAML 代码描绘的是脂肪仪中的图表，同样是已有的素材。可以注意到的是，与之前体重仪的图表不同，这里的图表使用的是 DataSeries 中的 DataPoint 来实现图表描绘，所以在后台调用时也需要注意到这点。为了让后台可以进行调用，将图表的 Name 赋值为 fatdata，给每个 DataPoint 的 X 轴赋值以便搜索，Y 轴的值是后台最终需要去更改的值。血氧仪的图表使用了类似的设置。

2. 控件功能实现

```
using Crystal. Data;
using Crystal. Data. Entity;
using Visifire. Charts;
using System. Xml. Linq;
using System. Data. SqlClient;
```

上面这几个引用分别作用于接收仪器传来的数据，描绘各仪器的图表，对 XML 文件解析及 SQL 数据库的连接。

```
public UserControl1( )
{
InitializeComponent( );
hc. DeviceDataReceived + = new Crystal. HealthDev. DeviceDataHandler( hc_DeviceDataReceived);
}
```

页面控件在载入时建立委托事件,监听仪器设备传来的数据。

```
    private void changeYValue( Chart userchart, string chartXLabel,double chartdata)
        {
                foreach( DataSeries ds in userchart. Series)    //在图表中找出对应的点将 Y 轴的
值重新赋值
                {
                    foreach( DataPoint da in ds. DataPoints)
                    {
                        if( da. AxisXLabel == chartXLabel)//寻找对应 X 轴的名称的 Y 轴
                        { da. YValue = chartdata; }
                    }
                }
```

上面这个方法用于在接收数据后更改脂肪仪和血糖仪的图表。第一个参数为要修改的图表，第二个参数为要修改的 X 轴的名称，第三个参数为修改后的值。具体实现方法是利用 foreach 语句遍历图表中所有的 DataPoint，当搜索到对应的 X 轴时，更改 Y 轴的值。

```
    //用于显示从传感器接收到的数据方法
        void hc_DeviceDataReceived( Crystal. HealthDev. DeviceType deviceType, Crystal.
HealthDev. HealthParameters healthParameter, string data)
        {
                switch( healthParameter)
                {
                    case Crystal. HealthDev. HealthParameters. realtimeweight: //实时体重
```

```
                    this. Dispatcher. BeginInvoke( ( System. Action)
                        (
                                    () = >
                                    {
                                            float d = float. Parse( data) ;
                                            ne1. Value = d;  //赋值于体重计的指针
                                            tab_health_devices. SelectedIndex = 0; //打开对应选
项栏(0 为体重计)
                                    }
                        ));
                    break;
                case Crystal. HealthDev. HealthParameters. weight：  //体重
                    this. Dispatcher. BeginInvoke( ( System. Action)
                        (
                                    () = >
                                    {
                                            float d = float. Parse( data) ;
                                            ne1. Value = d;   //赋值于体重计的指针
                                            tab_health_devices. SelectedIndex = 0; //打开对应
选项栏(0 为体重计)
                                    }
                        ));
                    break;
                case Crystal. HealthDev. HealthParameters. bloodoxygen：   //血氧
                    this. Dispatcher. BeginInvoke( ( System. Action)
                        (
                                    () = >
                                    {
                                            float d = float. Parse( data) ;
                                            changeYValue( oxygen, "血氧", d) ;
                                            tab_health_devices. SelectedIndex = 4;  //打开对应
选项栏
                                    }
```

　　上面这段代码是接收到仪器传来的数据后进行对应处理的语句。其中用到了 = >，即 Lambda 表达式。即（）=> 是作为 BeginInvoke 方法的一个参数，但是它只是执行了（）=> 后的语句，且没有返回值。ne1 是被命名后的体重计指针，改变它的 value 即可以改变指针指向。而收到血氧数据，通过调用 changeYValue 方法将血氧计图表中显示的数值进行改变。 tab_health_devices 是选择仪器的 tabcontrol 控件，可以通过给 SelectedIndex 赋值使得接收到仪器数据时自动跳转到对应页面中。

```
private string getChartYValue(Chart userchart, string chartXLabel)
    {
        string data = "";
        foreach(DataSeries ds in userchart.Series)
        {
            foreach(DataPoint da in ds.DataPoints)
            {
                if(da.AxisXLabel == chartXLabel)    //寻找对应 X 轴的名称的 Y 轴
                { data = da.YValue.ToString(); }    //获取 Y 轴的值
            }
        }
        return data;
    }
```

此方法用于获取仪器图表中的数值，与更改数值的方法类似，同样是遍历查询到对应的 X 轴，从而获取 Y 轴的值。

```
//上传数据按钮方法
    private void btn_upload_data_Click(object sender, RoutedEventArgs e)
    {
        try    //若已经选择了用户
        {
            connected = MainWindow.Instance.UserControlSettings.connected; //接收网络连接情况
            currentuserid = MainWindow.Instance.userControlUserSelect.CurrentUserId; //接收从 userControlUserSelect 界面中传来的用户的 ID
        }
        catch //若没有选择用户
        {
            MessageBox.Show("未选择用户");
            return;
        }
        try
        { //根据选项框来确定上传函数
            switch(tab_health_devices.SelectedIndex)
            {
                case 0: //体重
                    string weightdata = ne1.Value.ToString();
```

```
                    dataHandler. uploadWeightData( currentuserid, weightdata, con-
nected);
                        break;
                    case 1: //耳温
                        string tempeture = intmp. Value. ToString( );
                        dataHandler. uploadEartemperatureData( currentuserid, tempe-
ture, connected);
                        break;
                    case 2: //血压
                        string highPressure = highpressure. Value. ToString( );
                        string lowPressure = lowpressure. Value. ToString( );
                        dataHandler. uploadSphygData( currentuserid, highPressure, low-
Pressure, connected);
                        break;
                    case 3: //脂肪仪
                        string fatlv = lb_visceralfat. Content. ToString( );
                        string fatValue = lb_fat. Content. ToString( );
                        string muscle = lb_muscle. Content. ToString( );
    if( fatlv == " " || fatValue == " " || muscle == " " || water == " " )   //若未检测到数据
                        {
                            MessageBox. Show("上传数据为空");
                            return;
                        }
                        dataHandler. uploadFatData( currentuserid, fatlv, fatValue,
muscle, water, connected);
                        break;
                    case 4: //血氧
                        string oxygenValue = getChartYValue( oxygen, "血氧");
                        string pulse = getChartYValue( oxygen, "脉搏");
                        dataHandler. uploadOxygenData( currentuserid, oxygenValue,
pulse, connected);
                        break;
                    default:
                        break;
                }
            }
        catch
        {
            MessageBox. Show("上传失败");
        }
```

上面这段代码是"上传数据"按钮对应的执行动作代码。因为如果当用户选择界面中未选择用户，即传来的用户 ID 为 null 时，程序将报错，所以用 try catch 语句来包裹。当未选择用户却单击了"上传数据"按钮，程序将提示"未选择用户"。之后根据 tab_health_devices 控件中当前选择页面的值，来确定上传哪个仪器的数据。使用 dataHandler 类中的方法，通过获取图表中对应的值和网络连接情况来作为参数，将数据上传至服务器或本地数据库。

```
//开始测量按钮方法
    private void btn_open_data_Click(object sender, RoutedEventArgs e)
    {
        //circularGaugeControl1.EnableAnimation = true;
        hc.BeginReadData();
        btn_open_data.IsEnabled = false;
        MessageBox.Show("开始测量");
    }
//停止测量按钮方法
    private void btn_close_data_Click(object sender, RoutedEventArgs e)
    {
        hc.EndReadData();
        hc.Close();
        btn_open_data.IsEnabled = true;
        btn_close_data.IsEnabled = false;
        MessageBox.Show("结束测量");
    }
```

上面这段代码为"开始测量"与"结束测量"按钮对应的代码。hc 为 Crystal.HealthDev 中 HealthDataController 类，调用 BeginReadData 方法开始读取仪器上传的数据，EndReadData 方法结束读取，并用 Close 方法关闭线程。

在"历史数据"模块，可以查询当前用户的历史数据，在软件界面的底部有选择的选项，如图 4-16 所示，可以依次选择选项来查询相应的历史数据。选中选项之后单击查询按钮就可以显示用户的历史数据，如图 4-17 所示。如果该当前用户没有历史数据，则显示用户不存在。

图 4-16 查询选项

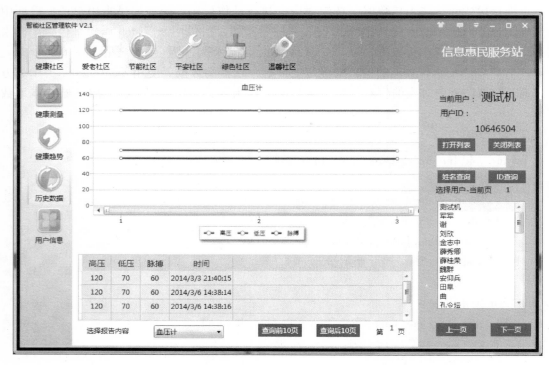

图 4-17　查询数据显示

```
private void FindData( )
    {
        try     //若已经选择了用户
        {
            currentuserid = MainWindow. Instance. userControlUserSelect. CurrentUserId;
//接收从 userControlUserSelect 界面中传来的用户的 ID
            connected = MainWindow. Instance. UserControlSettings. connected; //接
收网络连接情况
        }
        catch
        {
            MessageBox. Show("未选择用户");
            dataIsFound = false;
            return;
        }
        int firstItemNum = ((currentPage - 1) * 10);
        myds. Reset( );
        mydt. Reset( );//将 DataSet 与 DataTable 重置以便接收新数据
```

```
            try
            {
                myds = dataHandler. getHealthData ( myds, cb_deviceType. SelectedIndex, currentuserid, firstItemNum. ToString( ), connected);
            }
            catch
            {
                MessageBox. Show("查找失败");
            }
            if( myds. Tables[0]. Rows. Count  >0)    //看是否有查询到数据
            {
                Dictionary < string, string > d = new Dictionary < string, string >( );    //建
立列名对应字典
                d. Add("highpress", "高压");
                d. Add("lowpress", "低压");
                d. Add("pulse", "脉搏");
                d. Add("testTime", "时间");
                d. Add("temperature", "耳温");
                d. Add("fatlv", "脂肪等级");
                d. Add("fatValue", "脂肪量");
                d. Add("muscle", "肌肉量");
                d. Add("water", "含水量");
                d. Add("weightValue", "体重");
                d. Add("oxygenValue", "血氧");
                d. Add("HighPressure", "高压");
                d. Add("LowPressure", "低压");
                d. Add("Pulse", "脉搏");
                d. Add("Time", "时间");
                d. Add("EarTemperature", "耳温");
                d. Add("fatlevel", "脂肪等级");
                for( int i =0; i < myds. Tables[0]. Columns. Count; i ++ )
                {
                    string columnsName = myds. Tables[0]. Columns[i]. ColumnName;
                    myds. Tables[0]. Columns[i]. ColumnName = d[columnsName];
//根据字典将英文列名修改成对应中文列名
                    mydt. Columns. Add(myds. Tables[0]. Columns[i]. ColumnName);
//在 mydt 中创建相同名字的列,以便提取数据
```

```
                }
                    dataIsFound = true;//找到数据
            }
            else    //若查询不到数据显示消息框
            {
                dataIsFound = false;
                MessageBox. Show("该用户数据不存在");
            }
        }
```

上面这段代码实现了根据选择用户来查询历史数据的方法，"查询"按钮调用了此方法。首先，清空 DataSet 和 DataTable 用于存放数据，通过调用 dataHandler 中的 getHealthData 方法查询历史数据。其中的参数分别为所选择查询的设备类型（获取的是一个数，如血压计是 0，即下拉选框中的第一项）、所选择的用户的 ID、获取列表开始于第几序号（用于分页功能），以及联网情况。查询到的数据放在 DataSet 的 DataTable 中，于是通过查看 DataSet 中的 DataTable 数量即可判断是否查询到数据。若没查询到数据，DataTable 数量为 0，此时程序显示消息"该用户数据不存在"。若查询到数据，因为数据每一列的列名为英文，需要将对每一列的列名进行翻译。首先创建字典，将英文及对应的中文加入到字典中，通过循环将每一列的列名根据字典进行替换；同时，在 DataTable 中创建同名的列，方便后续给 DataTable 中加入对应页数的数据。

```
void ShowDlg(DataTable dt, string xLabel)
        {
            Chart1. Series. Clear();
            Chart1. AxesX. Clear();
            Chart1. AxesY. Clear();
            string titleText = cb_deviceType. Items[ cb_deviceType. SelectedIndex]. ToString();//获取选框中设备名
            int titleText_Length = titleText. Length;   //获取到的字符串的总长
            int titleText_length = titleText. LastIndexOf(":") +2;   // 获取到的字符串中中文开始的位数
            titleText = titleText. Substring( titleText_length, titleText_Length - titleText_length);   //截取出中文
            chart_title. Text = titleText;   //将截取出来的文字当作表头文字
            Dictionary < string, DataSeries > dd = new Dictionary < string, DataSeries >();
            for( int i = 0; i < dt. Columns. Count; i ++)
            {
                if( dt. Columns[ i]. ColumnName == xLabel)
```

```
            continue;
            dd. Add(dt. Columns[i]. ColumnName, new DataSeries());
            dd[dt. Columns[i]. ColumnName]. LegendText = dt. Columns[i]. Column-
Name;
            dd[dt. Columns[i]. ColumnName]. RenderAs = RenderAs. Line;
        }
    string[] keys = dd. Keys. ToArray < string >();
    int ii = 0;
    foreach(DataRow dr in dt. Rows)
    {
        ii ++;
        foreach(string s in keys)
        {
            DataPoint dataPoint = new DataPoint();
            string datestr = dr["时间"]. ToString();
            string[] ssArray1 = datestr. Split(new char[2] { '/',' '});
            dataPoint. AxisXLabel = ssArray1[1] + "月" + ssArray1[2] + "日";
            //dataPoint. AxisXLabel = ii. ToString();// dr[xLabel]. ToString();
            dataPoint. YValue = double. Parse(dr[s]. ToString());
            dd[s]. DataPoints. Add(dataPoint);//数据点添加到数据系列
        }
    }
    foreach(DataSeries d in dd. Values. ToArray < DataSeries >())
    {
        Chart1. Series. Add(d);
    }
}
```

　　上面这段代码是用于将数据放在图表中显示的方法。首先将图表清空，之后从多选框中获取当前设备的名字，处理后过滤掉英文字符作为表头。然后将每条数据的日期处理后获得月和日作为数据点的 X 轴，每个项目的数值作为 Y 轴，分别添加到 DataPoint 中。最后将所有的 DataPoint 放进图表中。

3. 程序流程图

　　查询历史数据按钮程序流程图如图 4-18 所示，其显示数据流程图如图 4-19 所示。

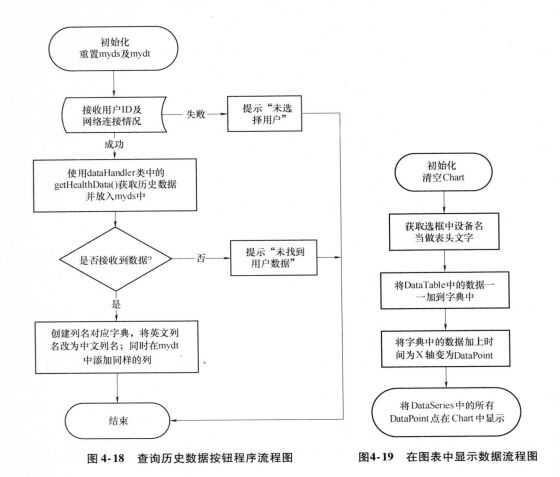

图4-18 查询历史数据按钮程序流程图   图4-19 在图表中显示数据流程图

4.2 爱老社区的功能及实现

4.2.1 爱老社区的界面及功能

在图4-20所示的爱老社区登录界面，单击右侧"打开"按钮，在网页的管理界面输入管理员用户名（admin）和密码（ustb）登录。管理员登录后，首页界面如图4-21所示，在此界面可以进行相应的操作。

备注：普通用户目前登录不了。

1. 定位服务

在"定位服务"模块，单击"选择用户"按钮，如图4-22所示；选择用户即可在地图上显示用户位置，如图4-23所示。

2. 历史数据查询

在"历史数据查询"模块，单击"选择用户"选中用户即可查询该用户的历史数据，如图4-24所示。

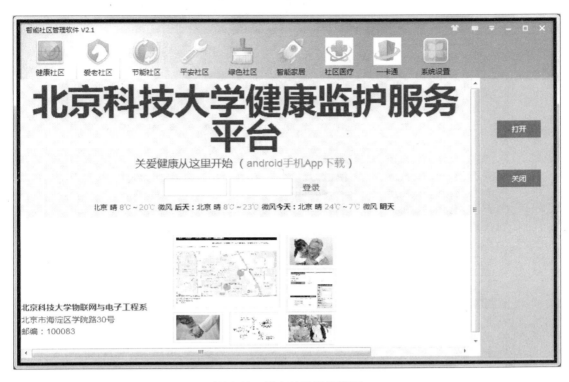

图 4-20　爱老社区登录界面

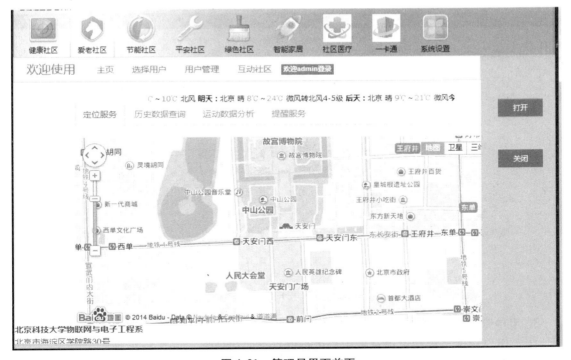

图 4-21　管理员界面首页

图 4-22　用户选择

图 4-23　用户位置显示

3. 用户管理

在"用户管理"模块可以选择用户进行信息查询和修改,如图 4-25 所示。

图 4-24　历史数据查询

图 4-25　用户管理

4.2.2　控件功能的实现

```
private void btn_open_Click(object sender, RoutedEventArgs e)
{
    wb1. Navigate("http://202. 204. 54. 54:8901/");
}
private void btn_close_Click(object sender, RoutedEventArgs e)
{
    wb1. Navigate("about:");
}
```

上面这段代码是打开按钮和关闭按钮的语句。相当于分别让内置浏览器控件打开 http：//202.204.54.54：8901/这个网址和将浏览器内容至空。

4.3　平安社区的功能及实现

4.3.1　平安社区的功能

在"平安社区"界面，单击右侧的"显示"按钮显示在线家庭，如图4-26所示。然后选择要查看的家庭，在软件界面底部有选择的选项，如图4-27所示；再选择"连接"按钮，就可以看到所需的监控，如图4-28所示。单击底部的四个按钮还可以旋转摄像头，如图4-29所示。

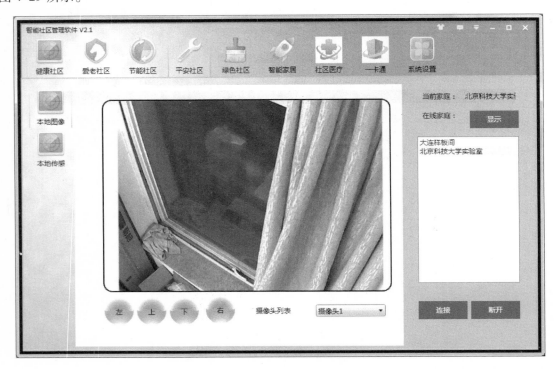

图4-26　平安社区界面

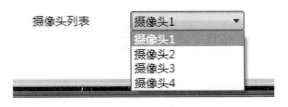

图4-27　摄像头选项

图 4-28　监控录像

图 4-29　摄像头旋转按钮

4.3.2　控件功能的实现

```
private void cb_cameras_SelectionChanged( object sender, SelectionChangedEventArgs e)
    {
            switch( cb_cameras. SelectedIndex)
            {
            case 0:
                    if( list_safe_users. SelectedIndex == 0)
                        str_camera_url = " http://222. 33. 81. 27:8902/RestfulSer-
vice/Devices/WebCamera1";
                    else
```

```
                                        str_camera_url = " http://115. 25. 48. 254:8902/RestfulSer-
vice/Devices/WebCamera1";
                        break;
                case 1:
                    if( list_safe_users. SelectedIndex ==0)
                        str_camera_url = " http://222. 33. 81. 27:8902/RestfulSer-
vice/Devices/WebCamera2";
                    else
                        str_camera_url = " http://115. 25. 48. 254:8902/RestfulSer-
vice/Devices/WebCamera2";
                        break;
                case 2:
                    if( list_safe_users. SelectedIndex ==0)
                        str_camera_url = " http://222. 33. 81. 27:8902/RestfulSer-
vice/Devices/WebCamera3";
                    else
                        str_camera_url = " http://115. 25. 48. 254:8902/RestfulSer-
vice/Devices/WebCamera3";
                        break;
                case 3:
                    if( list_safe_users. SelectedIndex ==0)
                        str_camera_url = " http://222. 33. 81. 27:8902/RestfulSer-
vice/Devices/WebCamera4";
                    else
                        str_camera_url = " http://115. 25. 48. 254:8902/RestfulSer-
vice/Devices/WebCamera4";
                        break;
                default:
                    if( list_safe_users. SelectedIndex ==0)
                        str_camera_url = " http://222. 33. 81. 27:8902/RestfulSer-
vice/Devices/WebCamera1";
                    else
                        str_camera_url = " http://115. 25. 48. 254:8902/RestfulSer-
vice/Devices/WebCamera1";
                        break;
            }
```

　　上面这段代码为当选择摄像机的下拉选项改变执行的动作代码。当下拉选项改变时将根据其给字符串 str_camera_url，即摄像机连接字符串赋值。这个字符串将作为之后操作的基础。

```
private void btn_camera_open_Click( object sender， RoutedEventArgs e)
        {
                    if( str_camera_url == " " )
                        return；
                    btn_camera_open. IsEnabled = false；
                    btn_camera_close. IsEnabled = true；
                    Thread t = new Thread( ( ) = >
                    {
                            bNeedCameraOn = true；
                            bIsCameraOn = true；
                            while( bNeedCameraOn )
                            {
                                try
                                {
                                    byte[ ] bytes = new System. Net. WebClient( ). DownloadData
( str_camera_url + "/Photo? clientId = admin" )；
                                    this. Dispatcher. BeginInvoke( ( System. Action)
                                        (
                                            ( ) = >
                                            {
                                                BitmapImage bitmapImage = new BitmapImage( )；
                                                bitmapImage. BeginInit( )；
                                                bitmapImage. StreamSource = new Memory Stream
( bytes )；
                                                bitmapImage. EndInit( )；
                                                image_camera. Source = bitmapImage；
                                            }
                                        ) )；
                                    System. Threading. Thread. Sleep( 50 )；
                                }
                                catch
                                {
                                    MessageBox. Show( "摄像头无法连接" )；
                                }
                            }
                            bNeedCameraOn = false；
                            bIsCameraOn = false；
```

```
                        this. Dispatcher. BeginInvoke ( ( System. Action ) ( ( ) = >{ image_
camera. Source = null; } ) );
                        } );
                        t. Start ( );
    }
```

上面这段代码为单击"连接"按钮后执行的动作代码。首先，判断摄像机连接字符串是否为空，如果为空将跳出动作终止代码；若不为空，先将"连接"按钮设置为无法使用，"断开"按钮设置为可以使用。之后新建一个线程，在线程中，在连接字符串后加入一串固定的字符串成为接收摄像头图像的地址；再建立一个 BitmapImage 变量成为容器负责接收摄像头图像，并将 BitmapImage 绑定进 image_ box 控件中使之呈现在界面中。当 bNeedCameraOn 这个判断变量为 true 时将一直循环以上过程，间隔为 50 毫秒。因为从地址中接收到的是一幅一幅的图片，只有不断地读取才能使之成为一个动起来的影像。当 bNeedCameraOn 被设置为 false 时将跳出循环，将 image_ box 置空，关闭线程。

```
private void btn_camera_close_Click_1( object sender, RoutedEventArgs e)
{
            bNeedCameraOn = false;
            while( bIsCameraOn )
    {
        Thread. Sleep( 200 );
    }
    btn_camera_open. IsEnabled = true;
    btn_camera_close. IsEnabled = false;
    list_safe_users. Items. Clear( );
}
```

上面这段代码为单击"断开"按钮后执行的动作代码。先将 bNeedCameraOn 设置为 false，将从摄像头获取图像的线程关闭，将两个按钮的可使用状态改变，清空列表。

```
private void btn_camera_up_Click( object sender, RoutedEventArgs e)
    {
        new System. Net. WebClient( ). DownloadData( str_camera_url + "/Call? clientId =
admin&deviceId = WebCamera1&operationName = Up" );
```

上面这段代码为单击控制摄像头向上按钮的动作代码，既在连接字符串后加入一串固定的字符串使之成为控制摄像头向上的网址地址，通过访问地址控制摄像头。其他三个动作按钮使用了类似的代码。

4.4　绿色社区的功能及实现

在绿色社区界面（见图4-30）下，单击接收数据按钮可以在界面中显示温湿度传感器的数据。

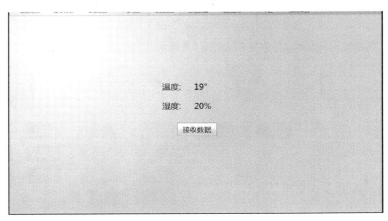

图 4-30　绿色社区界面

```
private void btn_TempHumidReciv_Click( object sender, RoutedEventArgs e )
    {
            try
            {
            string str = SocketHelper. GetMessage( );
            string tempstr = str. Substring( 10, 4 );//从接收到的数据字符串中截取出
温度数值
            tempstr = tempstr. Substring( 0, 2 ) + "." + tempstr. Substring( 2, 2 ) + "℃";
            tb_TempValue. Content = tempstr;

            string humistr = str. Substring( 6, 4 );//从接收到的数据字符串中截取出湿
度数值
            humistr = humistr. Substring ( 0, 2 ) + "." + humistr. Substring ( 2, 2 )
+ "%";
            tb_HumidValue. Content = humistr;
            }
```

上面这段代码为单击"接收数据"按钮后的动作代码。通过调用 SocketHelper 类中的 GetMessage 方法从服务器接收温湿度传感器的数据字符串，通过对字符串的裁剪处理，将温度和湿度信息分别裁剪出来，并保留 2 位数显示在对应的 Lable 中。

97

4.5 智能家居的功能及实现

在左边的列表中单击打开列表，查看所有用户的列表。选择用户后右边的界面中将显示该家庭中的设备及各个设备可遥控的操作，通过在右边的界面中单击各个操作的按钮来对设备进行相应的操作，如图4-31所示。

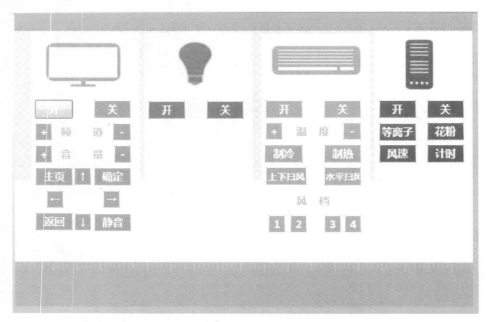

图4-31　智能家居界面

4.6 类

4.6.1 Socket 功能类

```
//Socket 发送数据方法
    public static void SendMessage(string str)
    {
        IPEndPoint ipep = new IPEndPoint(IPAddress. Parse("192. 168. 1. 150"), 5000);
        Socket client = new Socket (AddressFamily. InterNetwork, SocketType.
Stream, ProtocolType. TCP);
        client. Connect(ipep);
        str = System. Text. RegularExpressions. Regex. Replace(str, "([ ]+)", "");
```

```
        byte[] buf = new byte[str. Length / 2];//每两个字符为一个 byte
        int count = 0, index = 0;
        while((index + 1) < str. Length)
        {
            buf[count] = (byte)(Convert(str[index]) * 16 + Convert(str[index + 1]));
            count ++;
            index + = 2;
        }
        client. Send(buf);
    }
```

上面这段代码实现了通过 Socket 发送控制家电指令的功能。首先设定了接收信息的 IP 地址及端口，建立 Socket 连接后，每两个字符放入一个字节（byte）中（因为指令字符串是 16 位数字，每两个字符代表一个数字），然后经过处理后通过 Socket 发送出去。

```
//Socket 接收数据方法
        public static string GetMessage()
        {
            IPEndPoint ipep = new IPEndPoint(IPAddress. Parse("192. 168. 1. 160"), 8899);
                Socket client = new Socket(AddressFamily. InterNetwork, SocketType. Stream, ProtocolType. TCP);
            client. Connect(ipep);
            string str = "ss3120pp";
            byte[] byteArray = System. Text. Encoding. Default. GetBytes(str);
            client. Send(byteArray);
            int recv;
            byte[] datasize = new byte[20];
            recv = client. Receive(datasize, 0, 20, SocketFlags. None);
            str = System. Text. Encoding. Default. GetString(datasize);
            client. Close();
            return str;
        }
```

这个方法实现了通过使用 Socket 接收温湿度传感器数据的功能。同样设置了服务器的 IP 地址及端口，建立连接后，先发送一串字符串作为请求，同时建立一个字符串用于接收返回数据的容器，之后接收数据，关闭连接，将字符串返回。

4.6.2 DataHandler 类

1. 查询所有用户列表的方法

```
    public static List < string > getAllUserIDList(List < string > userIdlist, int communityNum, bool connected)
```

```
            if( connected == false )
            {
                if( communityNum == 0 || communityNum == 3 )//若没有选择社区则查
询所有社区的用户
                {
                    //从数据库查询 userID 字段的数据并放入 LIST 中
                    userIdlist = Crystal. Data. HomeData. GetStringsNoQuery ( " use-
rID" , "select userID from user_base_info " );
                else
                {
                    //从数据库查询 userID 字段的数据并放入 LIST 中
                    userIdlist = Crystal. Data. HomeData. GetStringsNoQuery( "userID" , "
select userID from user_base_info where communityId = " + communityNum. ToString( ) + " " );
                }
            }
            else
            {
                ServiceCenter. DataServiceSoapClient c = new ServiceCenter. DataService-
SoapClient( );
                c. Open( );
                System. Xml. Linq. XElement e1 = null;
                e1 = c. GetAllUserInfo( );      //查询所有用户信息
                foreach( XElement node in e1. Elements( "Data" ) )   //遍历所有 Data
节点
                {
                    userIdlist. Add( node. Element( "ID" ). Value );   //将节点中所有
的 ID 后数据取出并加入 List 中
                }
                c. Close( );
            }
            return userIdlist;
        }
```

这个方法用于从数据中查询所有用户 ID，并返回一个 List。首先，根据传来的 connected 参数来判断是查询本地数据库还是查询服务器数据库。若查询本地数据库，通过调用 Crystal. Data. HomeData 中的 GetStringsNoQuery 方法，写入对应的 SQL 语句，从本地数据库中查询数据并返回。若是从服务器中查询，则先建立与服务器的连接，通过调用服务器给的 GetAllUserInfo 接口接收到查询结果。因为返回的结果是 XML 格式的，所以将其做对应处理放入 List 中，之后关闭连接。查询所有用户名称的方法使用了类似的代码。查询所有用户列表程序流程图如图 4-32 所示。

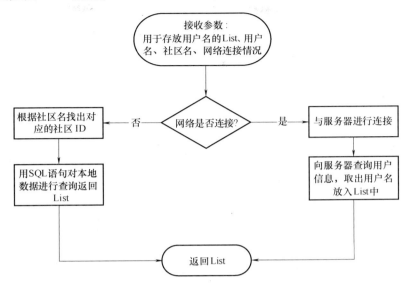

图 4-32　查询所有用户列表程序流程图

2. 用户搜索功能的方法

```
public static List < string > getUseNameListByID ( List < string > userNamelist , string userId ,
bool connected )
        {
                if( connected = = false )
                {
                        userNamelist = Crystal. Data. HomeData. GetStringsNoQuery ( " user-
Name" , "select userName from user_base_info where userID like'%" + userId + "%'" );
                }
                return userNamelist ;
        }
```

这个方法是通过搜索用户 ID 查询对应的用户名的方法，返回一个 List。与查询所有用户的区别在于 SQL 语句中加入了 where userID like 语句，两个%括住 userId 可以让搜索做模糊搜索。因为服务器没有开放对应接口，所以只能在本地数据库上执行搜索功能。其他几个搜索功能的方法使用了类似的代码。

3. 查询健康历史数据方法

```
publicstaticDataSet getHealthData( DataSet myds , int devicetype , string currentuserid , string
firstItemNum , bool connected )
        {
```

```
        if( connected == false)
                        {
string sqlcom = " ";
switch(devicetype)//根据选项框来确定查询的数据
                        {
case 0:
//从 sphyg 表中查询时间高压低压脉搏
                        sqlcom = " select top 10 testTime, highpress, lowpress, pulse
from sphyg where testTime not in( Select top " + firstItemNum + " testTime From sphyg where use-
rID = ?) and userID = ?";
                        myds = Crystal. Data. HomeData. GetDataSetNoQuery( sqlcom,
currentuserid, currentuserid);
    break;
    case 1:
//从 weight 表中查询时间体重
                        sqlcom = " select top 10 testTime, weightValue from weight
where testTime not in( Select top " + firstItemNum + " testTime From weight where userID = ?) and
userID = ?";
                        myds = Crystal. Data. HomeData. GetDataSetNoQuery( sqlcom,
currentuserid, currentuserid);
    break;
    case 2:
//从 ear_temperature 表中查询时间耳温
                        sqlcom = " select top 10 testTime, temperature from ear_temper-
ature where testTime not in( Select top " + firstItemNum + " testTime From ear_temperature where
userID = ?) and userID = ?";
                        myds = Crystal. Data. HomeData. GetDataSetNoQuery( sqlcom,
currentuserid, currentuserid);
    break;
    case 3:
//从 fat 表中查询时间脂肪等级脂肪量肌肉量含水量
                        sqlcom = " select top 10 testTime, fatlv, fatValue, muscle, water
from fat where testTime not in( Select top " + firstItemNum + " testTime From fat where userID = ?)
and userID = ?";
                        myds = Crystal. Data. HomeData. GetDataSetNoQuery( sqlcom,
currentuserid, currentuserid);
    break;
    case 4:
```

```
//从 oxygen 表中查询时间血氧量脉搏
                              sqlcom = " select top 10 testTime,oxygenValue,pulse
from    oxygen where testTime not in(Select top " + firstItemNum + " testTime From    ox-
ygen where userID = ?)and userID = ?";
                              myds = Crystal. Data. HomeData. GetDataSetNoQuery
(sqlcom, currentuserid, currentuserid);
                              break;
                   default:
                         myds = null;
                         break;
              }
         }
         else
         {
              ServiceCenter. DataServiceSoapClient c = new ServiceCenter.
DataServiceSoapClient();
              c. Open();
              System. Xml. Linq. XElement e = null;
              switch(devicetype)//根据选项框来确定查询的数据
              {
                   case 0:
                        e = c. GetBloodPressureDataById(currentuserid);
//查询血压数据
                        break;
                   case 1:
                        e = c. GetWeightData(currentuserid);//查询体重数据
                        break;
                   case 2:
                        e = c. GetEarTemperatureDataById(currentuserid);
//查询耳温数据
                        break;
                   case 3:
                        e = c. GetFatDataById(currentuserid);//查询脂肪数据
                        break;
                   case 4:
                        e = c. GetOxygenDataById(currentuserid);    //查询
血氧数据
                        break;
```

```
                                        default:
                                            e = null;
                                            break;
                                    }
                            StringBuilder sb = new StringBuilder();
                            System. IO. StringWriter sw = new System. IO. StringWriter(sb);
                            e. Save(sw, System. Xml. Linq. SaveOptions. DisableFormatting);
                            string xml = sb. ToString();
                            Console. WriteLine(xml);
                            myds. ReadXml(new System. IO. StringReader(xml));
    //将查询到 XML 格式数据放入 DataSet 中
                        }
                    return myds;
            }
```

这个方法用于查询所有设备的健康历史数据，返回一个 DataSet。同样，根据 connected 来判断是对本地数据库执行查询，还是对服务器数据库进行查询。若是本地查询，通过传来的 devicetype 与一个 switch 语句，使用 SQL 语句对相应设备及相应用户的历史数据进行查询。若是对服务器查询，同样是对传来的 devicetype 与一个 switch 语句进行选择执行，但是是通过调用服务器给的接口接收查询结果，在将 XML 进行转换后放入 DataSet，之后将结果返回。

4. 上传健康数据方法

```
    //上传体重数据方法
            public static void uploadWeightData(string currentuserid, string weightdata, bool
connected)
                {
                    if(connected == false)
                    {
                        string timeNow = DateTime. Now. ToString();
                        string sqlcom = "";
                        sqlcom = "insert into weight(userID,testTime,weightValue)values(?, ?, ?)";
                        Crystal. Data. HomeData. ExecuteNonQuery(sqlcom, currentuserid, time-
Now, weightdata);
                        MessageBox. Show("上传成功");
                    }
                    else
                    {
```

```
                    ServiceCenter. DataServiceSoapClient c = new ServiceCenter. DataService-
SoapClient( );

                    c. Open( );
                    string backResult = c. UploadWeightData( currentuserid，weightdata);
                    if( backResult == "correct")
                    {
                            MessageBox. Show("数据上传成功");
                    }
                    else
                    {
                            MessageBox. Show("数据上传失败");
                    }
                    c. Close( );
                }
            }
```

Shangm 这个方法用于将体重秤的数据上传到数据库。根据 connected 判断是传到本地数据库上还是服务器数据库上。与之前的方法类似，传到本地数据库要使用 SQL 语句，传到服务器数据库要调用接口，在方法的参数中包含了需要上传的数据。值得注意的是，在 SQL 语句中写了一些"？"，一段 SQL 语句中有几个"？"在调用 ExecuteNonQuery 方法时就需要多加几个参数，这些参数对应取代"？"的位置。上传健康数据方法程序流程图如图 4-33 所示。

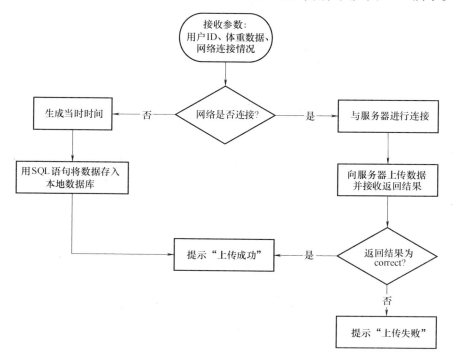

图 4-33　上传健康数据方法程序流程图

4.7　调试

4.7.1　DataTable．DefaultView 与 DataTable 显示不同步问题

【描述】在第一次查询健康历史数据时一切正常，如图 4-34 所示。

脂肪等级	脂肪量	肌肉量	含水量	时间	
1	17.3	28.2	60.4	2014/4/8 16:04:59	

图 4-34　查询健康历史数据正常数据显示

但当选择查询血氧仪数据时，DataGridView 以图 4-35 所示的形式显示。

脂肪等级	脂肪量	肌肉量	含水量	时间	

图 4-35　查询血氧仪数据异常数据显示

【分析解决】通过设置断点发现用于存放数据的 DataTable 中存在查询结果，如图 4-36 所示。

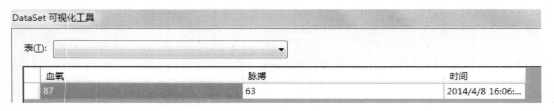

图 4-36　DataSet 可视化工具

但是调用的 DataTable．DefaultView 中无数据，如图 4-37 所示。

图 4-37　调用 DataTable、DefaultView 异常情况

说明两者间存在不同步的问题。在查找资料后知道是系统方法内部出现问题，DataTable．DefaultView 无法及时更新。可以通过创建一个 View 存放 DataTable 的视图，将 View 用 DataGridView 显示，代码如下：

```
DataView dv = new DataView(mydt);//创建一个用于显示数据的视图
dataGrid1.ItemsSource = dv;//将 mydt 中数据显示
```

4.7.2　"打开列表"按钮调试记录

【描述】进入健康社区界面，单击"打开用户列表"，会提示图 4-38 所示的错误，调试不能正常进行。

图 4-38　打开用户列表错误信息

【分析解决】单击"停止调试"按钮，再单击"Debug 按钮"继续调试，进入到系统设置界面，选择一个数据库，再返回用户列表，单击"打开用户列表"，即可查询所选择的数据库的信息。

4.7.3　软件测试问题记录及解决办法

（1）什么都不填写也能登录。

尚未设计登录系统。

（2）已经选择用户，在健康社区-健康测量-脂肪仪下上传数据，却显示未选择用户。

由于只使用一个 try catch 语句包裹的上传数据按钮代码，应该根据各种情况进行条件判断然后提示错误。当获取脂肪仪界面下脂肪量、含水量、肌肉量的数值显示框（Lable）中的文本时，实际获取为 null 值引发的错误。

（3）未单击"开始测量"和"停止测量"时，单击"上传数据"仍显示上传成功。

由于未做上传数据是否为空的判断，同时服务器接口允许上传空数据，所以可以在本地做数据为空判断，若为空则不执行上传动作；或者服务器接口处不允许上传空数据，返回错误信息，本地根据服务器返回信息给出提示。

在未单击"开始测量"按钮之前将"上传数据"按钮设置为不可使用，即使在可以使用时也需要对数据进行一个是否为空的判断，即可避免上传。

（4）有时单击血糖仪、心电图的"开始测量"和"上传数据"按钮没反应。

"开始测量"按钮的问题可能因为操作过快，单击"上传数据"按钮没反应是因为未做血糖仪与心电图上传的动作。

第5章

基于Android操作系统的移动终端实例

智能家居管理软件实现了在移动终端（手机、平板式计算机等）与智能家居系统进行信息交互和管理。通过将移动终端连接到万能学习型红外遥控器，可以使用软件对各型家用电器以手动方式或与虚拟管家语音对话方式进行控制，同时可实现对家庭情况的实时监控。课题组在全国范围内已有的监控节点进行统一的管理与控制。通过手机终端，实现了随时随地对各个监控节点的远程访问、机位切换和视角控制等功能；解决了不同地区、不同类型的节点监控，解决了需要用户大量手动干预不同协议之间切换的难题；实现了北科节点、怀柔节点、大连节点之间的无缝切换。

5.1 视频监控软件介绍

5.1.1 视频监控软件应用范围

当前的应用范围：课题组导师、内部开发人员和合作方的高级管理人员。本软件适用于企业对下属各个部门节点的远程管理与控制、安防中心对远程目标场地的监控、养老事业部门对独居老年人的看护，以及其他诸如此类的对异地无人值守场所的统一管理。

5.1.2 软件技术指标及功能描述

1. 硬件环境

推荐1GHz以上处理器，512MB以上RAM；3G模块，WiFi模块；分辨率达480×800以上屏幕。

2. 软件环境

Android4.0以上操作系统。

3. 实验室内软件功能学习成果

全国范围不同地区的网络节点的实时监控，不同协议的节点视角控制，不同协议的节点之间全自动的控制切换。

5.1.3 软件结构及流程图

软件结构图如图5-1所示，流程图如图5-2所示。

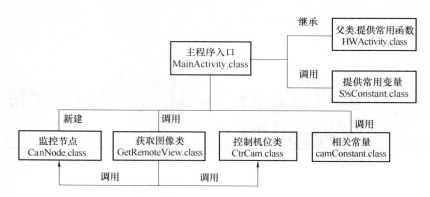

图 5-1　软件结构图

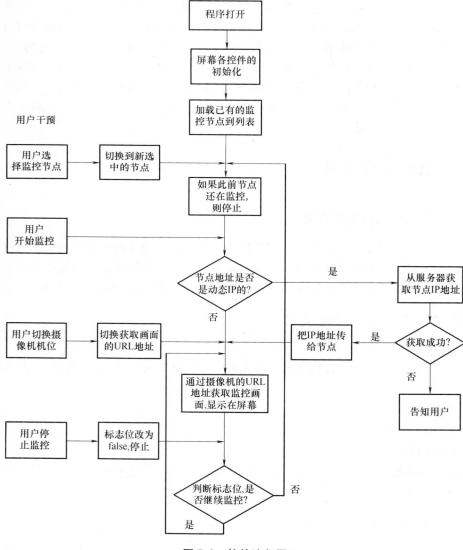

图 5-2　软件流程图

5.1.4　软件接口——API

软件接口，是指软件不同部分的交互接口，通常就是所谓的 API（应用程序编程接口）。其表现的形式是源代码。

1. 节点类（CamNode. class）

1）getCount( )，对外提供节点对象的摄像机个数。

2）isDynIP( )，对外提供此节点是否是动态 IP 地址。

3）setDynIP( )，设置此节点的 IP 地址。

4）getServerUrl( )，获取此节点所属于的服务器地址，用于获取节点 IP 地址。

5）changeCam( )，切换节点的机位，可以按顺序切换上一个或下一个摄像机，将新的统一资源定位符（Uniform Resource Locator，URL）地址返回。

6）getCamUrl( )，对外提供本节点的获取监控画面的 URL 地址。

7）getActUrl( )，对外提供本节点的控制摄像机转动的 URL 地址。

2. 执行监控类（GetRemoteView. class）

1）beginConn( )，提供给主程序，执行打开监控的操作。

2）setDynIP( )，提供给主程序，在获取到当前节点的动态 IP 地址后，由主程序通过此接口，设置节点的 IP 地址。

3）camChange( )，提供给主程序，用于控制当前节点切换机位。

4）move( )，在主程序中控制当前摄像机转动。

5）isMonitoring( )，用于判断是否正在监控。

6）stopConn( )，提供给主程序，用于停止监控。

3. 获取节点 IP 地址（GetNodeIP. class）

getIP( ) 对外提供获取节点 IP 地址的功能。

5.2　软件功能演示及调试

5.2.1　软件功能演示

1. Eclipse 中的程序运行界面（见图 5-3）

2. 进入程序，打开已经设定好的 Android 虚拟机（见图 5-4）

3. 打开智能家居远程监控的界面（见图 5-5）

4. 单击进入控制界面（见图 5-6）

5. 选择远程监控地点界面

选择监控地点 418 样板间，单击"确定"按钮，进入远程监控界面，如图 5-7 所示。

6. 连接网络摄像机

进入 418 样板间远程监控界面，单击"连接"按钮，网络摄像机开始监控，如图 5-8所示。

7. 开始监控（见图 5-9）

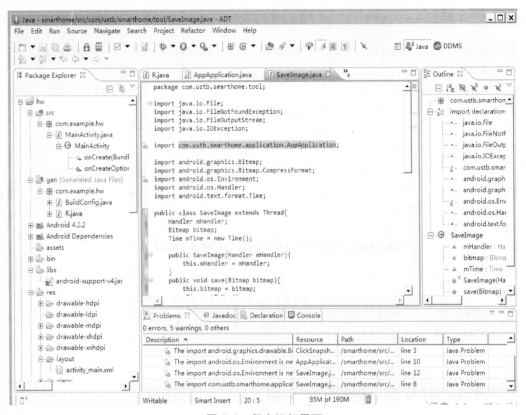

图 5-3　程序运行界面

图 5-4　Android 虚拟机

图 5-5　智能家居远程监控界面

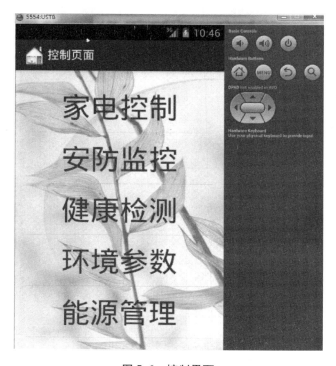

图 5-6　控制界面

图 5-7　选择远程监控地点界面

图 5-8　连接网络摄像机

图 5-9　实时监控界面

8. 切换网络摄像机

单击"切换机位"按钮，切换网络摄像机的监控范围，如图 5-10 所示。

图 5-10　切换机位界面

9. 能源管理

进入图 5-5 所示的主界面后，可以单击进入其他控制界面，如节能管理界面，可以实现对插座等的控制管理，如图 5-11 所示。

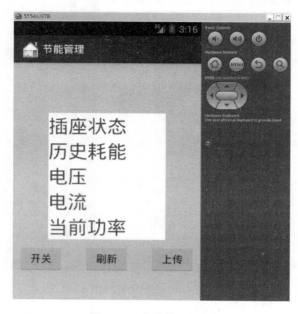

图 5-11　节能管理界面

5.2.2　故障及排除方法

开发环境：Ubuntu12.04

开发工具：Eclipse + ADT

调试环境：802.1b/g/n 无线局域网，MIUI ICS24.1

调试终端：小米 1s 手机、三星 Galaxy Tab2 平板式计算机

调试结果见表 5-1。

表 5-1　基于 Android 操作系统的移动终端调试结果

问题名称	问题原因与解决方法
虚拟管家无动画效果，停止在开始帧	在启动时，Android 应用程序无法载入动画的全部帧。将虚拟管家动画模块改由语音模块协调启动，得以解决
使用自定义图片美化界面，程序崩溃	Android 系统的 XML 布局文件中引用图片，必须指定图片的大小（dip、fill_ parent、wrap_ content），无默认值可用，修改后解决
开始监控一段时间后程序崩溃	没有释放图像资源，存储溢出，自动释放后解决
无法实现对摄像机视角的拖曳操作	Android 系统自带的触控函数问题，使用自定义函数得以解决
语义匹配预存的指令字符串数组，程序溢出	代码中判断数组结尾的语句错误，访问地址越界；修改代码后解决

5.2.3　系统的二次开发

1）配置为长期伺服的家用网关。开发的专用硬件平台搭载本软件长期运行于家庭环境中，实现对家庭环境信息的实时监控、与远程终端的随时通信、摆脱服务器限制。

2）获取温湿度等环境信息。连接到底层的环境传感器，可以方便获知周围环境信息。

3）简化模块设计，提高系统并行性和可靠性。优化算法设计，提高执行速度。

5.3　类

5.3.1　comConstant

这个类保存了摄像头监控常用的参数，如摄像头向上、向下、向左、向右转动的参数，以及控制其转动的 URL 地址和图像的 URL 地址等，代码如下：

```
package com. ustb. ultimonitor;
public class camConstant{
public static final int HANDLER_CONNSTATE_CHG = 30;
public static final int CAMTYPE_DYNMC_SEGMT = 1;//目前,大于 1 的节点类型被定义
为是动态 IP 地址
public static final int ACT_UP = 0;//用于和最下面定义的指令数组连用,四个数字作为
数组下标,取出对应的指令 ~~
public static final int ACT_DOWN = 1;
public static final int ACT_LEFT = 2;
public static final int ACT_RIGHT = 3;
publicstatic final String[ ]SERVER_URL
    = {"http://222. 33. 81. 27:8903/DIPService/GetRemoteIp? clientId = "};
private static final String[ ]NODE_TYPE0 = {//获取图像的 URL 不同协议类型
    "http://115. 25. 48. 254:8902/RestfulService/Devices/WebCamera",
    "/Photo? clientId = phone"};
private static final String[ ]NODE_TYPE1 = {"http://222. 33. 81. 27:8",
    "/snapshot. cgi? user = admin&pwd = "};
private static final String[ ]NODE_TYPE2 = {"http://IP:8",
    "/snapshot. cgi? user = admin&pwd = "};
public static final String[ ][ ]NODE_TYPE = {NODE_TYPE0,
    NODE_TYPE1, NODE_TYPE2};
private static final String[ ]CTR_TYPE0 = {//控制转动的 URL 不同协议类型
    "http://115. 25. 48. 254:8902/RestfulService/Devices/WebCamera",
    "/Call? operationName = ", "&clientId = phone"};
private static final String[ ]CTR_TYPE1 = {"http://222. 33. 81. 27:8",
```

```
            "/decoder_control. cgi? command = ",
"&onestep = 1&degree = 10&user = admin&pwd = "};
    private static final String[ ]CTR_TYPE2 = {"http://IP:8",
            "/decoder_control. cgi? command = ",
"&onestep = 1&degree = 10&user = admin&pwd = "};
    public static final String[ ][ ]CTR_TYPE = {CTR_TYPE0, CTR_TYPE1,
        CTR_TYPE2};
    private static final String[ ]INS_TYPE0 = {"Up", "Down", "Left", "Right"};
    private static final String[ ]INS_TYPE1 = {"2", "0", "6", "4"};
    public static final String[ ][ ]INS_TYPE = {INS_TYPE0, INS_TYPE1};//控制转动的指令
的不同协议类型
}
```

5.3.2　CamNode

这个类针对的是网络摄像机的节点，切换机位，获取节点的最新动态 IP 地址，对外提供这个节点所属于的服务器地址，读取在 camConstant 里保存的摄像头常用变量的数组里获取对应的值，代码如下：

```
    package com. ustb. ultimonitor;
public class CamNode{
    private boolean isDyn;//此节点是否是动态 IP 地址
    private int count;//此节点的摄像机数量
    private int camnum = 1;//当前正在获取监控画面的摄像头编号(从 1 开始,到 count 为最
后一个)
    private String[ ]cam_url;//获取监控画面的 URL 地址
    private String[ ]ctr_url;//控制摄像头转动的 URL 地址
    private String[ ]ctr_ins;//控制摄像头转动的四个指令
    private String serverUrl;//此节点所属于的服务器,用来在服务器上获取此节点的动态 IP
地址
    CamNode(int nodeType, int count, int serverId, String nodeName){
        //构造函数,传入的参数是数组的地址下标,在 camConstant 里保存的摄像头常用
变量的数组里获取对应的值
        cam_url = camConstant. NODE_TYPE[ nodeType ];
        ctr_url = camConstant. CTR_TYPE[ nodeType ];
        ctr_ins = camConstant. INS_TYPE[ nodeType ];
        this. count = count;
        serverUrl = camConstant. SERVER_URL[ serverId ] + nodeName;
        isDyn = ( nodeType > camConstant. CAMTYPE_DYNMC_SEGMT)? true : false;
```

```
        }
    public int getCount( ) {//对外提供的函数,获取摄像机数量
        return count;
    }
    public boolean isDynIP( ) {//对外提供的函数,判断是否是动态地址
        return isDyn;
    }
    public void setDynIP( String IP) {//如果是动态 IP 地址,每次连接前,要到 serverUrl 获取
它的最新的 IP 地址,赋值给这个节点
        cam_url[0] = cam_url[0]. replace( "IP" , IP) ;
    }
    public String getServerUrl( ) {//获取节点的最新动态 IP 地址时,对外提供这个节点所属
于的服务器地址
        return serverUrl;
    }
    public void changeCam( boolean isNext) {//切换机位,通过参数的 true 和 false 来判断是
上一个还是下一个机位
        if( isNext) {
            if( camnum < count)
                camnum + + ;
            else
                camnum = 1;
        } else {
            if( camnum > 1)
                camnum - - ;
            else
                camnum = count;
        }
    }
    public String getCamUrl( ) {//提供获取当前摄像机的监控画面的 URL 地址
        return cam_url[0] + camnum + cam_url[1] ;
    }
    public String getActUrl( int key) {//提供控制当前摄像机转动的 url 地址
        return ctr_url[0] + camnum + ctr_url[1] + ctr_ins[key] + ctr_url[2] ;
    }
}
```

5.3.3　CrtCam

这个类继承了线程，用于执行一次转动摄像头的动作，发起网络连接，摄像头按照传入的 URL 的动作，进行所希望的角度转动，代码如下：

```java
package com.ustb.ultimonitor;
import java.io.IOException;
import java.io.InputStream;
import java.net.HttpURLConnection;
import java.net.MalformedURLException;
import java.net.URL;
public class CtrCam extends Thread{
private String ctr_url;
private HttpURLConnection conn;
public CtrCam(String ctr_url){//构造函数,直接传入了需要被控制的摄像头动作的 URL
            this.ctr_url = ctr_url;
        }
        @Override
public void run(){//执行的结果是,发起了一个网络连接,摄像头会按照传入的 URL 的动作,转动一个角度
            super.run();
            try{
                URL CtrUrl = new URL(ctr_url);
                conn = (HttpURLConnection)CtrUrl.openConnection();
                conn.setDoInput(true);
                conn.connect();
                InputStream is = conn.getInputStream();
                is.read();
            }catch(MalformedURLException e){
                //TODO Auto-generated catch block
                e.printStackTrace();
            }catch(IOException e){
                //TODO Auto-generated catch block
                e.printStackTrace();
            }finally{
                conn.disconnect();
            }
        }
    }
```

5.3.4　GetNodeIP

这个类获取节点的 IP 地址，代码如下：

```
package com. ustb. ultimonitor;
import java. io. IOException;
import java. io. InputStream;
import java. net. HttpURLConnection;
import java. net. MalformedURLException;
import java. net. URL;
import com. ustb. smarthome. tool. SharedPreferenceHelper;
import com. ustb. smarthome. tool. SysConstants;
import android. content. Context;
import android. os. Handler;
public class GetNodeIP{
    //Context context;
    private Handler handler;
    private String serverUrl;
    //private static final String[ ] SERVER_URL = camConstant. SERVER_URL;//{ " http://
222. 33. 81. 27 :8903/DIPService/GetRemoteIp? clientId = " };
    private static final String CLIENT_NOT_FOUND = "client";
    public GetNodeIP( Handler handler, String serverUrl){
        this. handler = handler;
        this. serverUrl = serverUrl;
    }
    public void getIP( ){
        Thread T1 = new Thread( thread_getIP);
        T1. start( );
    }
    / * private String FuckTieTong( String IP){
        if( nodename. equals( "HYZJ"))
            IP = "222. 33. 81. 27";
        return IP;
    } */
    Thread thread_getIP = new Thread( ){
        @ Override
        public void run( ){
            super. run( );
            handler. sendEmptyMessage( SysConstants. HANDLER_SHOWPROGRESS);
```

```
        try {
            byte[] buffer = new byte[30];
            URL getURL = new URL(serverUrl);
            HttpURLConnection conn = (HttpURLConnection) getURL. openConnection();
            conn. setConnectTimeout(SysConstants. OUTTIME_REMOTEL);
            conn. setDoInput(true);
            InputStream in = conn. getInputStream();
            in. read(buffer);
            String IP = new String(buffer);
            if(IP. contains(CLIENT_NOT_FOUND))
            {
handler. sendEmptyMessage(SysConstants. HANDLER_GETIP_FAILED);
                return;
            }
            int index = IP. indexOf(';');
            IP = IP. substring(0, index);
            //IP = FuckTieTong(IP); //to judge if this user is the demo room in HYZJ
            System. out. println("get IP from server: " + IP);
            handler. obtainMessage(SysConstants. HANDLER_GETIP, IP). sendToTarget();
        } catch(MalformedURLException e) {
            e. printStackTrace();
handler. sendEmptyMessage(SysConstants. HANDLER_GETIP_FAILED);
        } catch(IOException e) {
handler. sendEmptyMessage(SysConstants. HANDLER_GETIP_FAILED);
            e. printStackTrace();
        } finally {
handler. sendEmptyMessage(SysConstants. HANDLER_DISMISSPROGRESS);
        }
    }
};
}
```

5.3.5 GetRemoteView

这个类继承了线程，通过创建自身专用的新线程来执行获取监控画面，通过 handler 和主线程交互，把执行结果告知主线程，代码如下：

```
package com. ustb. ultimonitor;
import java. io. IOException;
```

```java
import java. io. InputStream;
import java. net. HttpURLConnection;
import java. net. MalformedURLException;
import java. net. URL;
import java. util. concurrent. atomic. AtomicBoolean;
import com. ustb. smarthome. tool. SysConstants;
import android. graphics. Bitmap;
import android. graphics. BitmapFactory;
import android. os. Handler;
public class GetRemoteView extends Thread{
    private CamNode RemoteNode;
    private Handler handler;
    private URL getImage;
    private HttpURLConnection conn;
    private InputStream is;
    private Bitmap bitmap;
    private AtomicBoolean flag = new AtomicBoolean(false);
    public GetRemoteView( Handler handler, CamNode RemoteNode){//构造函数,把用
户选中的监控节点和程序的 handler 传进来
        this. handler = handler;
        this. RemoteNode = RemoteNode;
    }
public void beginConn( ){//准备打开到监控节点的连接,如果是动态 IP 地址,转去获取
最新 IP 地址;否则直接开始监控
        if( RemoteNode. isDynIP( )){
            GetNodeIP getDynIp = new GetNodeIP( handler, RemoteNode. getServerUrl( ));
            getDynIp. getIP( );
        }else
            startGetView( );
    }
public void setDynIP( String IP){//获取到最新 IP 地址后,把 IP 地址传给此节点,然后开
始监控
        RemoteNode. setDynIP( IP);
        startGetView( );
    }
private void startGetView( ){//开始监控,先设置了监控画面的 URL 地址,然后设置一个
标志位来表示正在执行监控,用 start 方法开始获取。
        setCamUrl( RemoteNode. getCamUrl( ));
```

```
                flag. set( true );
                start( );
        }
        public void camChange( boolean isNext ) {//切换机位
                RemoteNode. changeCam( isNext );
                setCamUrl( RemoteNode. getCamUrl( ) );
        }
        private void setCamUrl( String cam_url ) {//把字符串转化为 URL 地址
                try {
                        getImage = new URL( cam_url );
                        //camChanged. set( true );
                } catch( MalformedURLException e ) {
                        e. printStackTrace( );
                }
        }
public void move( int actKey ) {//控制转动,新建一个 camCtrl 对象来执行转动动作
                CtrCam camCtrl = new CtrCam( RemoteNode. getActUrl( actKey ) );
                camCtrl. start( );
        }
public boolean isMonitoring( ) {//返回标志位的值,当前是否在执行监控
                return flag. get( );
        }
public void stopConn( ) {//用来控制停止执行监控
                flag. set( false );
                //camChanged. set( true );
        }
        @ Override
public void run( ) {
                super. run( );
                handler. sendEmptyMessage( camConstant. HANDLER_CONNSTATE_CHG );//告
知主线程,监控开始
                while( flag. get( ) ) {//在标志位为 true 的情况下,循环获取最新的摄像机画面
                try {
                        synchronized( getImage ) {//打开了网络连接,获取摄像机画面
                                conn = ( HttpURLConnection ) getImage. openConnection( );
                        }
                        conn. setDoInput( true );
                        conn. setConnectTimeout( 10000 );
```

```
                    conn. connect( ) ;
                    is = conn. getInputStream( ) ;
                    bitmap = BitmapFactory. decodeStream( is ) ;//画面转存为图像,发
给主线程用来显示
                    is. close( ) ;
                    conn. disconnect( ) ;
    handler. obtainMessage( SysConstants. HANDLER_SHOWCAMVIEW, bitmap ). sendToTarget( ) ;
                } catch( MalformedURLException e ) {
                    e. printStackTrace( ) ;
                } catch( IOException e ) {
                    e. printStackTrace( ) ;
                }
            }
        }
    handler. sendEmptyMessage( camConstant. HANDLER_CONNSTATE_CHG ) ;//一旦跳出了
while( )循环,说明监控状态已经是停止,告知主线程
        }
    }
```

5. 3. 6　HWActivity

这个类的代码如下:

```
package com. ustb. ultimonitor ;
import android. app. Activity ;
import android. app. ProgressDialog ;
import android. os. Bundle ;
import android. os. Handler ;
import android. os. Message ;
import android. widget. Toast ;
import com. ustb. smarthome. tool. SysConstants ;
public class HWActivity extends Activity {
    Handler mHandler = new myHandler( ) ;
    ProgressDialog proDialog ;
    static final int LONG = Toast. LENGTH_LONG ;
    static final int SHORT = Toast. LENGTH_SHORT ;
    @ Override
    protected void onCreate( Bundle savedInstanceState ) {
        //TODO Auto-generated method stub
        super. onCreate( savedInstanceState ) ;
```

```
            }
    public void showToast( String text, int duration) {
        Toast. makeText( getApplicationContext( ), text, duration). show( );
            }
    public void showToast( int strId, int duration) {
        Toast. makeText( getApplicationContext( ), strId, duration). show( );
            }
    public String getResource( int id) {
        return getApplicationContext( ). getResources( ). getString( id);
            }
    public void startSingleThread( Thread child_thread, Thread father_thread) {
        if( child_thread !  = null && child_thread. isAlive( ))
            return;
        child_thread = new Thread( father_thread);
        child_thread. start( );
            }
    public void showProDialog( String title, boolean cancelable) {
        proDialog = new ProgressDialog( this);
        proDialog. setTitle( title);
        proDialog. setCancelable( cancelable);
        proDialog. show( );
            }
    public void showProDialog( int titleId, boolean cancelable) {
        showProDialog( getResource( titleId), cancelable);
            }
    public void dismissProDialog( ) {
        if( proDialog !  = null && proDialog. isShowing( ))
            proDialog. dismiss( );
            }
    class myHandler extends Handler{
        @ Override
        public void handleMessage( Message msg) {
            switch( msg. what) {
            case SysConstants. HANDLER_SHOWTOAST:
                dismissProDialog( );
                showToast( msg. obj. toString( ), SHORT);
                break;
            case SysConstants. HANDLER_SHOWPROGRESS:
```

```
            showProDialog( msg. obj. toString( ) , true ) ;
            break ;
      case SysConstants. HANDLER_DISMISSPROGRESS：
            dismissProDialog( ) ;
            break ;
      default：
            break ;
      }
   }
  }
}
```

5.4　部分功能的实现

5.4.1　空气净化机（Aircleaner）的控制

其代码如下：

```
protectedvoid onCreate( Bundle savedInstanceState) {
super. onCreate( savedInstanceState) ;/ * super. onCreate( savedInstanceState)的作用是调用
其父类 Activity 的 onCreate 方法来实现对界面的图画绘制工作。
    在实现自己定义的 Activity 子类的 onCreate 方法时一定要记得调用该方法,以确保能够
绘制界面 */
setContentView( R. layout. aircleaner) ;/ * setContentView( R. layout. main)的作用是加载一
个界面。
    该方法中传入的参数是"R. layout. main",其含义为 R. java 类中静态内部类 layout 的静
态常量 main 的值,而该值是一个指向 res 目录下的 layout 子目录下的 main. xml 文件的标识
符。因此代表着显示 main. xml 所定义的画面 */
Button aircleaner_power = ( Button)findViewById( R. id. aircleaner_power) ;/ * 也就是说获
取到界面上的某一个按钮赋值给声明的 Button 类型的变量。
    通过 ID 从界面上获取到一个 Button 对象并强制转换成 Button 类型并赋值给刚才声明
的 Button aircleaner_power 变量 */
Button aircleaner_settime = ( Button)findViewById( R. id. aircleaner_settime) ;
Button aircleaner_denglizi = ( Button)findViewById( R. id. aircleaner_denglizi) ;
Button aircleaner_huafen = ( Button)findViewById( R. id. aircleaner_huafen) ;
Button aircleaner_gear = ( Button)findViewById( R. id. aircleaner_gear) ;
aircleaner_power. setOnClickListener( Listener) ;//setOnClickListener 是单击这个按钮触发
的事件,但往往只有触发一个事情
```

127

```
aircleaner_settime. setOnClickListener(Listener);
aircleaner_denglizi. setOnClickListener(Listener);
aircleaner_huafen. setOnClickListener(Listener);
aircleaner_gear. setOnClickListener(Listener);
}
OnClickListener Listener = new OnClickListener() {
            @Override
      publicvoid onClick(View v) {
            switch(v. getId()) {//View 类方法 getId(),可以通过这个 view 获取到你所单
击 view 的 ID
            case R. id. aircleaner_power:
                excute_send(96);
                break;
            case R. id. aircleaner_settime:
                excute_send(98);
                break;
            case R. id. aircleaner_denglizi:
                excute_send(90);
                break;
            case R. id. aircleaner_huafen:
                excute_send(92);
                break;
            case R. id. aircleaner_gear:
                excute_send(94);
                break;
            default:
                break;
            }
        }
    };
    @Override
    publicboolean onCreateOptionsMenu(Menu menu) {    //此方法用于初始化菜单,其中
menu 参数就是即将要显示的 Menu 实例。返回 true 则显示该 menu,false 则不显示;
        //Inflate the menu; this adds items to the action bar if it is present.
        getMenuInflater(). inflate(R. menu. aircleaner, menu);/* 调用 Activity 的 getMenuIn-
flater()得到一个 MenuInflater,使用 inflate 方法来把布局文件中的定义的菜单加载给第二个
参数所对应的 menu 对象 */
        returntrue;
```

```
        }
    }
```

5.4.2　入侵警报

其代码如下：

```
package com. smarthome4cellUSTB；
import android. app. Activity；
import android. app. AlertDialog；
import android. content. DialogInterface；
import android. content. Intent；
import android. graphics. Bitmap；
import android. graphics. BitmapFactory；
import android. graphics. drawable. BitmapDrawable；
import android. os. Bundle；
import android. view. Menu；
publicclass Alertdialog extends Activity｛
    Intent intent = new Intent（）；
    @ Override
    protectedvoid onCreate（Bundle savedInstanceState）｛
        super. onCreate（savedInstanceState）；
        setContentView（R. layout. layout_alertdialog）；//实现对界面的图画绘制工作。
        byte［］data = getIntent（）. getByteArrayExtra（"bitmap"）；//把 bitmap 存储为 byte 数
组,把数据流从 activty 中取出
        Bitmap bitmap = BitmapFactory. decodeByteArray（data，0，data. length）；//getBundle-
Extra（"bundle"）. getParcelable（"bitmap"）；
        //取出来字节数组之后,用 BitmapFactory 中的 decodeByteArray 方法组合成一个 bit-
map 就可以了。BitmapFactory 的所有函数都是 static,这个辅助类可以通过资源 ID、路径、文
件、数据流等方式来获取位图
        System. out. println（"3"）；
        BitmapDrawable icon = new BitmapDrawable（getResources（），bitmap）；//Create draw-
able from a bitmap .
        System. out. println（"4"）；
        AlertDialog. Builder warn = new AlertDialog. Builder（this）；/ * AlertDialog 的构造方法
全部是 Protected 的,所以不能直接通过 new 一个 AlertDialog 来创建出一个 AlertDialog。要创
建一个 AlertDialog,就要用到 AlertDialog. Builder 中的 create（）方法。 * /
        warn. setTitle（"警报"）；//setTitle :为对话框设置标题
        warn. setMessage（"监测到入侵!"）；//为对话框设置内容
```

warn. setIcon(icon);//为对话框设置图标

warn. setPositiveButton("查看", new DialogInterface. OnClickListener()｛//setPositiveButton:给对话框添加"Yes"按钮

@ Override

publicvoid onClick(DialogInterface dialog, int which)｛//单击"YES"之后想要的一些处理

//TODO Auto-generated method stub

intent. setClass(getApplicationContext(), Remotecontrol. class);

startActivity(intent);

finish();

｝

｝);

warn. setNegativeButton("忽略", new DialogInterface. OnClickListener()｛//setNegativeButton:对话框添加"No"按钮

@ Override

publicvoid onClick(DialogInterface dialog, int which)｛//单击"NO"之后的想要的一些处理

//TODO Auto-generated method stub

intent. setClass(getApplicationContext(), AnfangService. class);

intent. putExtra("stop_player", true);

startService(intent);

finish();

｝

｝);//在这个例子中,定义了三个按钮,分别是"Yes"按钮、"No"按钮及一个普通按钮,每个按钮都有 onClick 事件,TODO 的地方可以放点了按钮之后想要做的一些处理

System. *out*. println("5");

warn. show();

System. *out*. println("6");

｝

@ Override

protectedvoid onDestroy()｛//onDestroy():Activity 被从内存中移除,一般发生在执行 finish 方法时或者 Android 回收内存的时候

//TODO Auto-generated method stub

super. onDestroy();

intent. setClass(getApplicationContext(), AnfangService. class);//要切换 activity,用到这个系统函数 setClass:intent. setClass(page1. this, page2. class);

/ * getApplicationContext() 返回应用的上下文,生命周期是整个应用,应用摧毁它才摧毁 */

```
        intent. putExtra( "stop_player" , true) ;//Add extended data to the intent
        startService( intent) ;
    }
    @ Override
    publicboolean onCreateOptionsMenu( Menu menu) {
        //Inflate the menu ; this adds items to the action bar if it is present. getMenuInflater( ).
inflate( R. menu. alertdialog , menu) ;
```

　　　　//inflate 就相当于将一个 XML 中定义的布局找出来, XML: (标准通用标记语言的子集)是一种简单的数据存储语言,使用一系列简单的标记描述数据

```
        returntrue ;
    }
}
```

第6章

智 能 手 杖

　　"物联网时代"已经悄然来临,人们身边出现了智能手机、智能汽车、智能家居等物联网重要应用。目前,我国逐步进入老龄化社会,在科技逐渐发达的今天,智能家居的引入给留守在家的老年人带来了很多便利。那么,一支得力的智能手杖能够为独居老年人们提供便利的服务和安全的保障。

6.1　智能手杖功能介绍

6.1.1　GPS 定位功能

　　智能手杖可以将老年人的 GPS 位置数据(经度、纬度、速度)通过 GPRS 网络传给服务器,服务器处理数据后,可在百度地图或其他地图上匹配出老年人的位置,精度可达几十米。GPS 数据上传到公用服务器进行地图定位,如图 6-1 ~ 图 6-6 所示。

图 6-1　GPS 轨迹图 1

132

图 6-2　GPS 轨迹图 2

图 6-3　GPS 轨迹图 3

GPS轨迹

URL: http://api.yeelink.net/v1.0/device/6894/sensor/10733/datapoints

◉跟踪 ◎回放

图 6-4　GPS 轨迹图 4

GPS轨迹

URL: http://api.yeelink.net/v1.0/device/6894/sensor/10733/datapoints

◉跟踪 ◎回放

图 6-5　GPS 轨迹图 5

GPS轨迹
URL: http://api.yeelink.net/v1.0/device/6894/sensor/10733/datapoints
◉ 跟踪 ○ 回放

图 6-6　GPS 轨迹图 6

6.1.2　老年人摔倒报警功能

一般老年人摔倒后，拐杖也会倒下，所以可以根据拐杖的状态，监测拐杖倾斜的角度及倾斜的时间来大致判定老年人是否摔倒。若判断老年人摔倒，拐杖会自动给亲属手机发送警示短信，如图 6-7 所示；或者，直接自动拨打亲属电话，亲属电话是可以自行设置更改的，便于不同的老年人使用。

6.1.3　主动报警功能

当老年人感觉不舒服或者需要帮助时可以通过手动按键主动发出警示短信，如图 6-8 所示。

图 6-7　老年人摔倒警示短信

图 6-8　老年人主动发出的警示短信

6.1.4 电话接打功能

目前，设置的按键可以直接拨打程序指定电话，当有亲属打电话来时，铃声会响 5 声自动接听电话，可以实现打电话、接听电话的功能。

6.2 技术参数

6.2.1 主控板

图 6-9 主控板

主控板采用 ATMega168V-10PI 芯片，用来控制 SIM908 开发板和 MM_7745 三轴加速传感器。

主控板从模拟输入引脚采集 MM_7745 三轴加速传感器的 X、Y、Z 轴的角度信息后，以 Y 轴为基准，若 Y 轴的倾斜角度大于 45°，超过了 GPRS 通信模块的阈值，则自动给设定好的老年人亲属手机号码发警示短信，实现短信报警功能。该功能可扩展为自动拨打电话功能。

主控板从数字输入引脚采集 GPS 模块的经度、纬度、速度等位置信息，把该信息送入 GPRS 通信模块的发送通道，发送给服务器。主控板控制 GPRS 模块，协调好何时发送报警短信。

6.2.2 SIM908 开发板

该开发板包含了 GPS 模块、GSM 模块和 GPRS 模块，如图 6-10 所示。GPS 模块用来采集老年人外出的位置信息，如图 6-11 所示。GSM 模块用来当老年人摔倒后，实现自动短信或电话报警功能；GPRS 模块是信息传输通道，能把 GPS 位置信息或其他的传感器数据远程传送给服务器，如图 6-12 所示。

6.2.3 MMA7455 三轴加速度传感器

该传感器主要参考 Y 轴和水平面的夹角，当拐杖与地面的夹角小于 45°时，可触发短信报警，如图 6-13 所示。

136

图 6-10 SIM908 开发板

图 6-11 GPS 模块

图 6-12 GSM 模块和 GPRS 模块

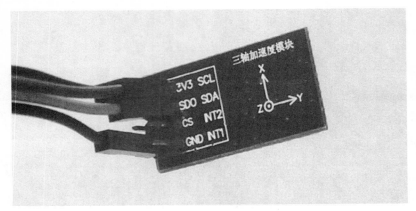

图 6-13　MMA7455 三轴加速度模块

6.3　电路原理图

6.3.1　主控板电路原理图

主控板电路原理图如图 6-14 所示。

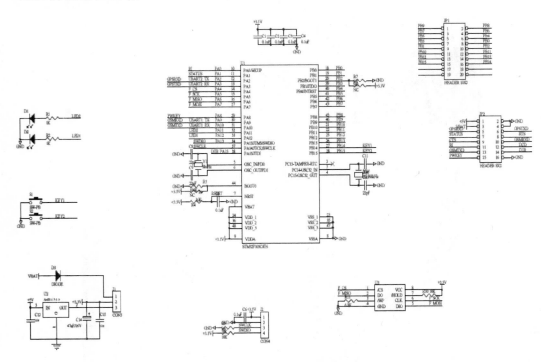

图 6-14　主控板电路原理图

6.3.2　STM908 开发板电路原理图

STM908 电路原理图如图 6-15 所示。

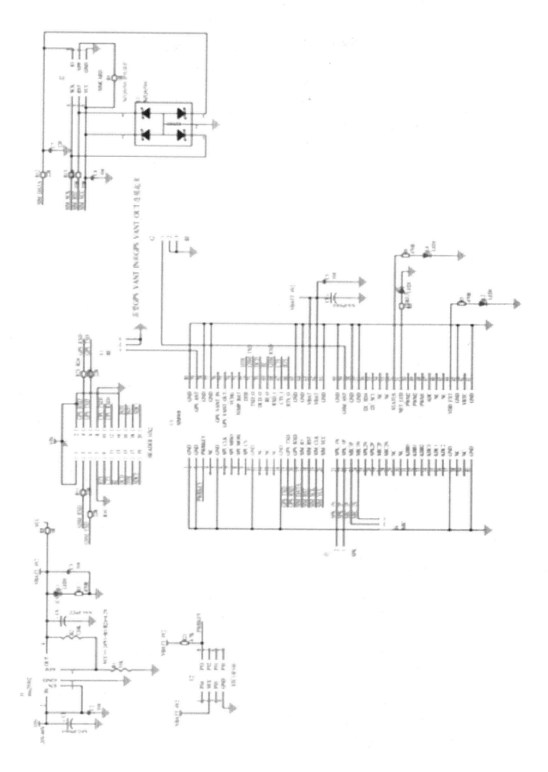

图 6-15 STM908 原理图

6.4 PCB

6.4.1 主控板 PCB

主控板 PCB 如图 6-16 所示。

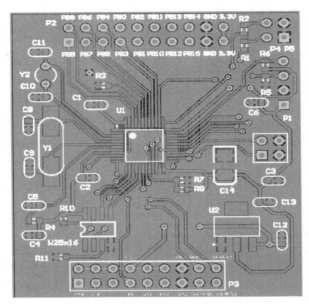

图 6-16　主控板 PCB

6.4.2 SIM908 开发板实物

SIM908 开发板实物如图 6-17 所示。

图 6-17　SIM908 实物

6.5 程序代码

Main. c 主控程序代码如下:

```c
#include "stm32f10x. h"
#include "Panel. h"
#include "Test. h"
#include "spi_flash. h"
#include "Usart. h"
#include "Gpio. h"
#include "Panel. h"
#include "GSM_Api. h"
#include "GPS_Api. h"
#include "typedef. h"
#include "string. h"
#include "stdlib. h"
#include "I2C_MMA. h"
/* 类型声明 ----------------------------------------------------------- */
/* 宏定义----------------------------------------------------------- */
/* 变量 ----------------------------------------------------------- */
const char Test_TelNumber[12] = "15116911638";
const char TestSMSContent[] = {
"60A876844EB24EBA611F89C94E0D8212670DFF0C53EF80FD970089815E2E52A9"
                            };//您的亲人感觉不舒服,可能需要帮助
const char SMSContent[] = {
"60A876844EB24EBA53EF80FD5DF27ECF8DCC5012FF0C602597005E2E52A9FF01FF01"
                            };//您的亲人可能已经跌倒,急需帮助!!
const char OpenUnicode[] = "62535F00";              //"打开"的 Unicode 编码
const char CloseUnicode[] = "517395ED";             //"关闭"的 Unicode 编码
static uint8_t Calling_Flag = 0;
//uint8_t NewSMSNO[20][3] = {{0}};
ST_SMS SMS;
    MMA_Dat X_Value = {MMA_XOUT8_Addr,'X'};
    MMA_Dat Y_Value = {MMA_YOUT8_Addr,'Y'};
    MMA_Dat Z_Value = {MMA_ZOUT8_Addr,'Z'};
/* 函数声明 ----------------------------------------------------------- */
/* 函数功能 ----------------------------------------------------------- */
```

```
/ ************************************************************
************************************
    ** Function name:          delay
    ** Descriptions:           软件延时约:3 周期 × ulTime
    ** input parameters:       ulTime 延时参数
    ** output parameters:      无
    ** Returned value:         无
    ************************************************************
************************************ /
    void __asm delay( uint32_t ulTime )
    {
        subs r0, #1;                                              / *
r0 实际上就是 ulTime              * /
        bne delay;
        bx lr;
    }
    / ************************************************************
************************************
    ** Function name:          delayTimeTick
    ** Descriptions:           软件延时约:1μs × n; 校准参数 7/10
    ** input parameters:       n 延时参数
    ** output parameters:      无
    ** Returned value:         无
    ************************************************************
************************************ /
    void delayTimeTick( uint32_t n )
    {
        delay( ( 72000000/3000000 * n ) * 70/100 );              / *
72M * /
    }
    / ************************************************************
************************************
    ** Function name:          main
    ** Descriptions:
    ** input parameters:       NONE
    ** output parameters:      NONE
    ** Returned value:         NONE
    ************************************************************
************************************ /
```

```
int main(void)
{
    uint32_t ucCnt = 0;
    uint8_t flag = 0;
    /* 失能 JTAG,一定要加上,否则复用的引脚不可用 */
    RCC_APB2PeriphClockCmd(RCC_APB2Periph_AFIO, ENABLE);
    GPIO_PinRemapConfig(GPIO_Remap_SWJ_JTAGDisable, ENABLE);     //失能
JTAG,使能 SW
    RCC_APB2PeriphClockCmd(RCC_APB2Periph_AFIO, DISABLE);
    TestInit();                        //测试函数初始化
    /* 重力传感器初始化 */
//    I2C_MMA_Init();
    /* 重力传感器校准 */
//    I2C_MMA_Cal();
    while(1)
    {
        TestFunction();                //测试功能函数
                                       //Test2.c 的主函数也是 TestFunction();
//
//          I2C_MMA_Test(&X_Value);
//          I2C_MMA_Test(&Y_Value);
//          I2C_MMA_Test(&Z_Value);
//      if(((&Y_Value)->Angle) < 30)
//      { delayTimeTick(100000);
//      I2C_MMA_Test(&Y_Value);
//      if(((&Y_Value)->Angle) < 30)
//      {
//      memset((void *)&SMS, 0, sizeof(ST_SMS));
//      SMS.SMSType = 0;
//      strcpy((char *)SMS.SMSNumber, Test_TelNumber);
//      strcpy((char *)SMS.SMSContent, SMSContent);
//      GSM_SendSMS(&SMS);
//      }
//      }
            if(panelKeyState(PANEL_KEY1) == PANEL_KEY_STATE_ON)
        {       while(panelKeyState(PANEL_KEY2) == PANEL_KEY_STATE_ON);
        /* 发送一条中文短信 */
        memset((void *)&SMS, 0, sizeof(ST_SMS));
        SMS.SMSType = 0;
```

```
            strcpy((char *)SMS.SMSNumber, Test_TelNumber);
            strcpy((char *)SMS.SMSContent, TestSMSContent);
            GSM_SendSMS(&SMS);
        }
    else if(panelKeyState(PANEL_KEY2) == PANEL_KEY_STATE_ON)
        {

            while(panelKeyState(PANEL_KEY2) == PANEL_KEY_STATE_ON);
            if(flag == CALLRINGTYPE)
            {
                flag = FALSE;
                GSM_AnswerCall();
            }
            else if(Calling_Flag == 0)
            {
                if(SUCESS == GSM_CallNumber((char *)Test_TelNumber))
                {
                    Calling_Flag = 1;
                }
            }
            else
            {
                if(SUCESS == GSM_HangCall())
                {
                    Calling_Flag = 0;
                }
            }
        }

        if(ucCnt > 500)
        {
            panelLedToggle(PANEL_LED1);
        }
        ucCnt ++;
        if(ucCnt > 1000)
        {
            ucCnt = 0;
        }
        delayTimeTick(1000);          //1ms 循环
    }
}
```

144

```
/ **********************************************************
********************************
    ** Function name：         main
    ** Descriptions：
    ** input parameters：      NONE
    ** output parameters：     NONE
    ** Returned value：        NONE
    ***********************************************************
*********************************** /
    #ifdef   USE_FULL_ASSERT
    void assert_failed(uint8_t * file, uint32_t line)
    {
        / * 用户可以增加自己的代码用于报告错误的文件名和所在行数，
    例如：printf("错误参数值：文件名 % s 在 % d 行\r\n", file, line) */
        / * 无限循环 */
        while(1)
        {
        }
    }
    #endif
    / ************************************************** 文件结束 ***
***********************************  /
```

6.6 调试

6.1 节提到的 4 个功能已经实现，但存在的问题是定位功能只适合露天环境，在有障碍物的情况下不适用。

智能手杖目前已能实现的功能还有不断改善的空间，如在 GPS 定位方面，由于屋内屏蔽效果和本身发射天线的缺点，定位精度不够高，如果能够配合小区附近的通信商基站信号，则能实现高精度定位；在电话接打功能方面，老年人和家人通话时需要佩带耳机，但是多数老年人又有听力障碍，这也可能影响功能的适用性。

智能手杖及其应用虽有不足之处，但可以说是迈出向智能社会发展的第一步，通过不断改进设计和提高研发技能，各种问题将随之解决，智能化社会前途无量。

第7章

家居服务机器人系统

人口的老龄化带来了老年人服务的需求，将这种需求与物联网技术相结合，面向老年人智能服务的物联网终端应运而生。该终端以机器人为载体，主要应用于物联网智能家居环境，赋予了智能家居新的活力。终端机器人系统基于物联网的感知控制、数据传输、智能处理及服务表现四层结构进行设计。

终端机器人以底层扩展系统和上层 Cortex-A8 系统作为硬件平台。底层扩展系统主要包括触摸传感、避障传感、无线安防等传感器采集、机器人动力控制及情感控制部分，是终端机器人感知控制层的基础。底层扩展系统完全自主设计相关硬件并实现相应功能。上层 Cortex-A8 系统使用 Mini210s 开发板，通过 I/O 总线与底层扩展系统连接。考虑物联网网络结构的异构性，终端机器人采用应用广泛的通用串行总线（Universal Serial Bus，USB）对网络通信方式进行扩展，实现 WiFi、蓝牙（Bluetooth）方式的网络接入。

7.1　家居服务机器人系统设计

7.1.1　系统硬件架构

智能家居环境下服务机器人的设计方案主要是基于以下两种情况：一是，我国人口老龄化的速度正在逐步加快，2014 年我国 60 岁以上老年人口已突破 2 亿，占到总人口的 15.5%，老龄化现象越来越严重，而由于年轻人工作繁忙、生活节奏快，老年人的照顾和缓解老年人的孤独感越来越成为社会急需解决的问题。因此，需要省时省力的方法来给老年人提供帮助和心理安慰。二是，人们对家居环境的安全、便捷要求越来越强烈，大多数人都希望能够有一个舒适、便捷、放心的家居环境。正是基于上述两个要求，提出、设计了智能家居服务机器人，其基本结构框图如图 7-1 所示。

系统硬件部分主要由 Cortex-M3 架构 STM32 系列的单片机及相应的驱动电路、硬件功能模块、USB 转串口芯片和搭载 Android 系统的 Mini210s 开发板构成，主要为服务机器人的运动控制、环境信息采集、安防报警、自动控制等功能奠定硬件基础。系统软件部分主要由嵌入式 Linux 为内核的 Android 系统及相应的服务软件构成，主要实现人机交互界面、与机器人底层硬件的数据交互、智能家电控制、多机器人协同、健康数据采集、智能提醒、天气预报等功能。根据结构框图，整个系统包括了感知控制层、网络传输层、智能控制层和应用服

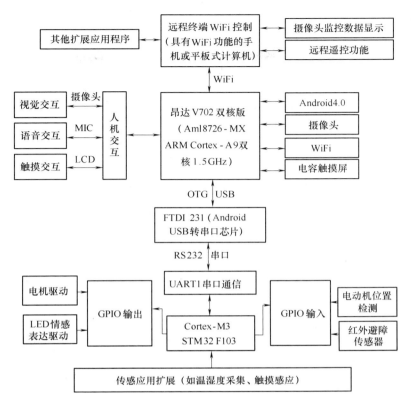

图 7-1　智能家居机器人系统基本结构框图

务层，具备明显的物联网体系结构。

感知控制层位于整个系统的最底层，根据传输方式和路径可分为本地感知控制和远程感知控制。其中，本地感知控制是指服务机器人本身所具有的感知控制能力，主要包括运动控制、情感表达、传感器感应、人机交互（包括语音交互、触摸交互及图像交互）等；远程感知控制是指服务机器人能够通过网络与家居环境中的万能遥控器、智能插座、网络摄像头、温湿度传感器等相连，并通过设备对外提供服务，实现环境信息采集、健康数据获取、家电控制等。感知控制层是整个系统的信息来源与处理结果的执行体，在系统中起着核心作用。

网络传输层主要是为数据传输提供通道，本地感知控制和远程感知控制在信息的传递上存在差异。其中，本地感知控制是由硬件级别的通信机制来进行信息的读取与设备控制的。本系统中主要使用了 I/O 总线、I^2C 总线和 USB。远程感知控制是通过 WiFi 网络通道实现与家居环境设备及远程服务器的通信连接，并通过 HTTP 请求、Socket 通信、WebService 技术等完成信息的传递与交互。

智能控制层的作用是对感知到的信息进行整合，并且根据事先制订好的规则进行相应的处理，并将处理结果通过网络传输层传输到感知控制层，在感知控制层实现相应的控制功能。智能控制层的核心重点是对信息的整合和算法的实现。

服务层位于整个系统的最顶层，包括了服务机器人向外提供的各种服务。该层结合用户的需求向用户提供更高层次的服务。

7.1.2 系统软件平台

在服务机器人系统中，上层 Mini210 开发板搭载了 Android4.0 操作系统，整个机器人的软件开发也是基于 Android 环境的。所以，想要对系统软件开发有深入的认识，有必要了解一下 Android 操作系统。

在移动网络速度和移动设备性能迅速提升、人们对移动设备功能要求逐步提高的背景下，Android 操作系统应运而生，并以其开放、快速、友好的特点迅速占领市场，形成燎原之势。Android 系统体系结构可以分为 5 层，从上到下依次为应用程序层、应用程序框架层、Android 程序库、Android 运行时环境和 Linux 内核层。下面针对各层进行说明。

1. 应用程序层

作为 Android 操作系统的最上层，是用户能直观看到的程序所在层。其中包括了 Android 的核心应用程序包，如日历、浏览器、联系人、短消息等，还包括一些其他第三方的丰富应用。

2. 应用程序框架层

该层为应用程序层提供了 API 框架，进行 Android 应用程序开发都需要使用这些框架，并且需要遵守一定的开发规则进行功能实现。该层提供的 API 框架包含了所有开发用到的软件开发工具包（Software Development Kit，SDK）类库，以及一些未公开接口的类库和实现。第三方的应用程序因这些未公开的类库和实现而无法实现系统应用程序的部分功能。应用程序框架层主要提供了 9 大服务来管理应用程序，包含内容如下：

1）视图系统（View System），包括了基本的列表（lists）、文本框（text boxes）、网络（grids）、按钮（buttons）等视图，还提供了用于实现开发人员自定义视图开发的接口。

2）内容提供器（Content Providers），是 Android 系统的四大组件之一，是一个应用程序提供给其他应用程序的，用于实现数据库的访问。

3）资源管理器（Resource Manager），主要用于提供非代码资源的访问，如本地字符串、分层文件（layout files）、图形等。

4）通知管理器（Notification Manager），用于应用程序在状态栏中显示用户的通知信息。

5）活动类管理器（Activity Manager），用于管理应用程序的生命周期，并提供基本的导航回退功能。

6）窗口管理器（Window Manager），用于管理所有的窗口程序。

7）包管理器（Package Manager），用于管理 Android 系统内的程序。

8）电话管理器（Telephony Manager），用于 Android 系统中与手机通话相关的管理，如电话的呼入呼出、手机网络状态的获取等。

9）位置管理器（Location Manager），用于管理位置信息，主要包括基站信息、无线热点信息、GPS 信息等。

3. Android 程序库

它包括一个被 Android 系统中各种不同组件所使用的 C/C ++ 集库。该库通过 Android 应用程序框架为开发者提供服务。一些主要的核心库包括系统 C 库、媒体库、Surface Manager、LibWebCore、SGL、3D Libraries、FreeType、SQLite 等。

4. Android 运行时（Android Runtime）**环境**

提供了核心链接库（Core Libraries）和 Dalvik 虚拟机（Virtual Machine，VM）系统，采用 Java 开发的应用程序编译成 apk 程序代码后，交给 Android 操作系统来执行。其中核心链接库提供了 Java 编程语言中核心链接库的绝大部分功能。Dalvik 的设计原则是能够同时高效执行多个虚拟系统，而 Dalvik VM 执行 Dalvik 可以执行的被优化成最小内存存储的 .dex 格式文件。

5. Linux 内核层

Android 系统的安全性、进程管理、内存管理、网络协议栈等核心系统服务依赖 Linux 内核，Linux 内核同时还是硬件与软件之间的硬件抽象层。

通过这样的平台架构设计，Android 各层之间可相互分离，进行应用开发时就不需要过多关心 Linux 内核、Dalvik 虚拟机及第三方库等是如何具体实现的，大部分时间只需要关心应用程序框架层提供的 API。另外，其底层实现细节的改变不会影响上层的应用程序，实现了应用程序开发的适宜性、快捷性和可重用性。

7.2　程序设计的总体要求

7.2.1　界面设计原则

鉴于服务机器人主要是面向老年人开发的。相比年轻人，他们在听觉和视觉上可能有较大程度的下降，理解力和记忆力也可能有所退化，这就使得在使用机器人程序时面临一些困难。为此，需要在界面的易用性、合理性和美观上遵循一定的原则，具体原则如下：

1）服务机器人程序实现开机自启动。由于 mini210 开发板开机画面是系统默认显示所有应用程序，使得老年人需要翻页查找应用及打开程序，那么整个过程就烦琐且不便了。因此，本系统要求并实现了服务程序的开机自启动，开机即进入本应用程序界面，给老年人带来极大的方便。

2）尽量减少界面之间的跳转及菜单的层次数目。其中，菜单层次最好不超过 3 层，可以通过增加菜单的长度来减少其深度。

3）程序中显示内容的字体及进行操作的按钮要醒目清晰，整个界面要图形与文字相结合，这样既能帮助用户更好地理解文字内容，又能增加画面美感，消除老年人的排斥心理。

4）在界面的颜色选取上，遵循对比原则。在浅色背景上使用深色文字，在深色背景上使用浅色文字，这样能够使得界面的辨识度较高，方便老年用户的使用。

5）在人机交互的方式中，尽量减少用户的手动输入操作，加入手势识别和基于语义理解的语音交互方式，使得人机交互更加自然、流畅。

7.2.2　线程间的通信机制

Android 应用程序在启动后最先会开启主线程（又称 UI 线程），来管理界面中的各种用户界面（User Interface，UI）控件和分发各种事件，但是如果在主线程中执行了一些耗时的操作（如网络连接、硬盘访问、数据库操作等），就会造成程序假死现象。如果界面在 5 秒内没有反应或是广播接收器的数据处理时间大于 10 秒，Android 系统则会自动报应用程序无响应（Application Not Response，ANR）错误，将程序强制关闭，带来不好的用户体验。因此，在系统程序设计时，将一些耗时的操作都放在子线程中进行处理。

一方面，Android 主线程是不安全的，在主线程以外的其他线程中进行 UI 操作会造成程序运行出错；另一方面，如上面讨论的，必须把如网络连接的耗时操作放在子线程中进行处理，并且在处理结束后进行 UI 的即时更新。例如，在从服务器获取到老年人的健康数据时，需要把这些内容在界面中进行更新显示，因此必须解决线程间的数据通信问题。

Android 平台提供了两种方式来实现线程之间的通信，分别是 Handler + Message 机制和 AsyncTask 方法。本系统的实现中采用的是 Handler 机制作为解决方案。Handler 机制本质上是一种异步消息处理机制，具体的处理流程如图 7-2 所示。UI 主线程在初始化第一个 Handler 时会通过 ThreadLocal 创建一个与 UI 线程对应的 Looper，之后其他 Handler 初始化时就能直接获取第一个 Handler 创建的 Looper，Looper 初始化的时候会创建一个消息队列 MessageQueue。这样子线程就可以通过 Handler 将消息发送到 UI 线程的 MessageQueue 中，然后在主线程 Handler 的 handlerMessage（Message msg）方法中处理数据并完成界面更新。例如，当用户单击体重数据时，后台会启动子线程并在子线程中发起网络连接，请求服务器获得响应以后，子线程中调用从主线程中传过来的 Handler 的 SendMessage（Message msg）方法，把消息发送至主线程的消息队列 MessageQueue 中。MessageQueue 按照先进先出的原则，通过 Looper 从 MessageQueue 中取得 Message 对象，回调 Handler 的 handlerMessage（Message msg）方法完成健康数据界面的更新。

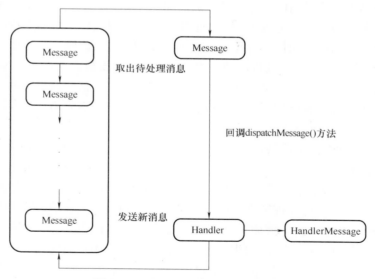

图 7-2　Handler 异步消息处理流程

7.3　机器人运动控制系统的设计与实现

本系统在实现移动智能终端对机器人的运动控制上也采用了两种方式：一种方式是根据制订的数据协议，通过单击对应的按钮实现与机器人上层的通信并将指令发送出去，接着机器人上层向底层转发指令来实现对机器人的运动控制。但是，考虑到减轻老年人的操作负担，降低操作难度。另一种方式则是通过智能移动终端自带的传感器（Android 系统自带了多种传感器），通过判断自身的状态方位来实现对机器人前进、后退、左转、右转等的运动控制。下面详细介绍一下第二种方式。

Android 系统目前共支持 8 种传感器：加速度传感器（accelerometer）、方向传感器（orientation）、光线传感器（light）、压力传感器（pressure）、温度传感器（temperature）、接近传感器（proximity）、磁力传感器（magnetic）、陀螺仪（gyroscope）。其中的加速度传感器使用最为广泛，也是在功能实现中所用到的传感器类型，其本地接口见表 7-1。

表 7-1　传感器的类型和本地接口

说　　明	传感器名称	本地接口名称	数　　值
加速度传感器	TYPE_ACCELEROMETER	SENSOR_TYPE_ACCELEROMETER	1
磁力传感器	TYPE_MAGNETIC_FIELD	SENSOR_TYPE_ MAGNETIC_FIELD	2
方向传感器	TYPE_ORIENTATION	SENSOR_TYPE_ ORIENTATION	3
陀螺仪	TYPE_GYROSCOPE	SENSOR_TYPE_ GYROSCOPE	4
光线传感器	TYPE_LIFHT	SENSOR_TYPE_ LIFHT	5
压力传感器	TYPE_PRESSURE	SENSOR_TYPE_ PRESSURE	6
温度传感器	TYPE_TEMPERATURE	SENSOR_TYPE_ TEMPERATURE	7
接近传感器	TYPE_PROXIMITY	SENSOR_TYPE_ PROXIMITY	8

加速度传感器类型有单轴、双轴和三轴三种，手机上采用的大都是电容式芯片三轴加速传感器。在每个方向上（x、y、z 三个方向），其封装部分的内部都有一块可移动电极板和两块不可移动电极板。当可移动电极板受到加速作用时，会产生惯性，导致与左右两个不可移动电极板的间隔发生改变，从而影响电极板间的电容电压值。以此，可以计算出各个方向的加速度，据此能够获得手机的移动状态，从而通过手机的晃动实现对机器人的运动控制。手机加速度传感器感应的加速度方向示意图如图 7-3 所示。

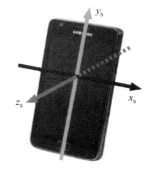

图 7-3　手机加速度传感器感应的加速度方向示意图

在具体的传感器调用上大致有如下四个步骤：

（1）获得系统服务

Android 系统提供了 getSystemService（SENSOR_ SERVICE）函数实现获取系统提供的传感器服务的功能。通过该函数，还能获得用户需要的 Android 系统提供的其他服务。其相关代码如下：

```
SensorManagersensorManager =
(SensorManager) getSystemService(SENSOR_SERVICE);
```

（2）设置传感器类型

在获得系统的服务后需要指定自己需要的传感器类型。其相关代码如下：

```
Sensor accelerometerSensor =
sensorManager. getDefaultSensor(Sensor. TYPE_ACCELEROMETER;
```

（3）注册监听器

Android 系统提供了 registerListener 进行监听器的注册。该监听器与上一步的传感器绑定，在传感器服务开始时，能够把外界变换传递给系统，系统根据不同的刺激做出对应的响应。其相关代码如下：

```
public void onSensorChanged( SensorEvent event)
    {
        float x = event. values[0];
        float y = event. values[1];
        float z = event. values[2];
        if( x > 20 || y > 20 || z > 20) {
    intent = new Intent( ControlclientActivity. this, Myservice. class);
        intent. putExtra( "param", Constant. SING);
        intent. putExtra( "ip", ip);
        startService( intent);
            }
```

（4）实现回调函数

在完成了上面 3 个步骤以后，需要实现监听器的回调函数，主要在回调函数中实现触发监听器之后系统的操作。一般做法是定义 SensorEventListener 对象，并实现内部类中的抽象方法，在抽象方法的 onSensorChanged 中实现系统的响应。系统中功能实现的关键代码如下：

```
    sensorManager. registerListener ( sensorEventListener, accelerometerSensor, SensorManager.
SENSOR_DELAY_NORMAL);
```

7.4　加密登录模块的设计与实现

登录模块主要用于完成对用户的身份认证。在该模块的设计中，为了防止用户的信息泄漏，还采用了 MD5 加密算法，实现对用户信息的有效保护。登录界面主要包括用户名和密码的输入、记住密码、登录及取消登录四个部分。在首次登录某个账户时需联网登录，将填写的用户名和密码信息上传到服务器并进行登录验证，验证通过后则进入程序主界面，否则提示用户不存在、用户名或密码错误。对于通过验证的用户，程序会在本地数据库进行保存，以使用户在下次登录时直接离线完成登录。当用户选中记住密码复选框时，采用 Android 系统提供的一种轻量级存储方式 SharedPreferences，对用户的简单配置信息进行保存。当下次再次进入程序时，程序一开始就根据键值对从 SharedPreferences 读取对应的配置信息。如果是记住密码，则会从数据库中取出用户名和密码，并自动填充到对应的文本框中从而完成登录。登录模块流程图如图 7-4 所示。在程序功能的实现过程中，由于在单击登录按钮时需要使用网络连接，从而通过 HTTP 将用户名和密码提交给服务器进行验证，所以需要在程序的配置文件 AndroidManifest. xml 中声明网络连接权限，代码如下：

```
< use- permission android:name = "android. permission. INTERNET"/ >
```

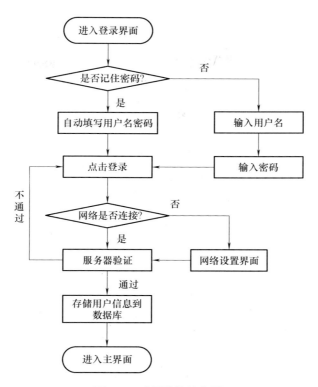

图 7-4　登录模块流程图

其次，为了用户使用更加便捷，避免因机器人终端网络无连接而导致必须退出程序，从而在设置界面中进行网络设置的烦琐过程，这里还设计了一个工具类 NetUtils。它的功能是自动检测终端当前网络是否可用，并判断网络的连接状态是 3G 还是 WiFi 的。如果可用则将用户的信息上传到服务器处进行验证，如果不可用则自动跳转到网络连接设置界面。此部分的关键代码如下：

```
ConnectivityManager connManager = ( ConnectivityManager )
context. getSystemService( Context. CONNECTIVITY_SERVICE );
NetworkInfo networkInfo = connManager. getActiveNetworkInfo( );
boolean available = networkInfo. isAvailable( );
State state = connManager. getNetworkInfo
        ( ConnectivityManager. TYPE_MOBILE ). getState( );
```

用户信息在上传到服务器进行验证及在本地数据库保存的过程中，都有可能遇到信息被泄露和截获的安全风险。为了对用户信息进行有效保护，采用了对数据进行 MD5 加密处理的方法。此功能的关键代码如下：

```
MessageDigest md = null;
md. update( s. getBytes( ) );
        byte[ ] domain = md. digest( );
```

```
        StringBuffer md5StrBuff = new StringBuffer( ) ;
        for( int i = 0 ; i < domain. length ; i ++ ) {
        if( Integer. toHexString( 0xFF & domain[ i ] ). length( ) == 1 ) {
            md5StrBuff. append( "0" ). append( Integer. toHexString( 0xFF & domain[ i ] ) ) ;
        } else
            md5StrBuff. append( Integer. toHexString( 0xFF & domain[ i ] ) ) ;
        }
```

7.5 智能家居子系统的设计与实现

7.5.1 家电控制模块

学习型红外遥控器，又称万能遥控器（也简称万遥），主要由发射和接收两部分组成。万能遥控器中发射模块的功能是产生遥控编码脉冲，经过载波调制后驱动红外发射管输出红外遥控信号。万能遥控器中接收模块主要用来对遥控信号进行放大、检波、整形并解调遥控编码脉冲，然后供控制器端口采集使用。万能遥控器的红外学习和红外发射过程如下：

1. 红外学习

万能遥控器通过串口接收来自中央控制器的控制命令，对其进行解析后做出对应的响应。当接收到的控制命令为"学习"时，万能遥控器接收来自家电遥控器发送的红外信号，并将之放大、解调后送至微处理器中接收红外信号的输入引脚，单片机测量并保存信号的高低电平脉宽长度。

2. 红外发射

红外发射模块的主要功能是对红外信号进行调制、放大后驱动红外发射管发射红外编码。当万能遥控器接收到控制命令为"发射"时，万能遥控器就进入发射状态，将对应的红外编码发送出去从而控制家电。万能遥控器内部有 WiFi 模块，因此机器人可以通过 WiFi 联网与家居环境中的万能遥控器进行网络通信，根据事先制订的协议向万能遥控器发送控制指令；万能遥控器接收到指令后进行解析，从而从对应的存储扇区取出已学习到的红外指令码并发送出去，实现对家电的控制。其软件流程图如图 7-5 所示。

基于 TCP 的网络通信是面向连接的更加可靠的通信。为了实现机器人与万能遥控器之间的可靠数据传输，本系统采用的是基于 TCP 的 Socket 编程。根据机器人与万能遥控器的通信协议，在写控制家电程序时定义了一个长度为 6 的字节数组 byte SendCode1 [ ]。其中，SendCode1 [3] 为学习相应家电控制的指令码存放位置，SendCode1 [5] 为后三位的校验和，其他为协议中已经设定好的值。举例说明，如果想通过机器人将电视打开，那么只需向万能遥控器发送指令 50 fa 01 01 00 00 即可，控制家电的核心代码如下：

```
byte SendCode1[ ] = {0x50,( byte)0xFA,0x01,0x01,0x00,0x00} ;//初始化数组
    byte instruction = 0 ;//相应的红外指令存储地址
    String IP = null ;//万能遥控器的 IP 地址
    int Port = 0 ;       //端口号
```

```
SendCode1[3] = instruction;
    SendCode1[5] = (byte)(SendCode1[2]^SendCode1[3]^SendCode1[4]);
            try{
                Socket sck = new Socket(IP, Port);
                sck. setSoTimeout(3000);
                OutputStream out = sck. getOutputStream();
        out. write(SendCode1);
                out. flush();
                sck. close();
            }catch(UnknownHostException e){
                e. printStackTrace();
                    }catch(IOException e){
                e. printStackTrace();
                    }
```

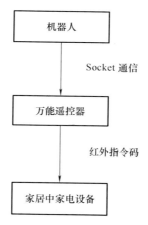

图 7-5　红外模块软件流程图

7.5.2　安防监控模块

本系统在实现安防监控功能时有两种情景模式：一种情景是机器人处在智能家居局域网环境，此时应选择本地查看模式。该模式下的功能主要是，根据网络摄像机厂商提供的基于HTTP 的通用网关接口（Common Gateway Interface，CGI），通过 HTTP 对网络摄像头发送获取视频流或图片的 HTTP 请求；网络摄像机收到请求后，返回相应的数据，机器人端通过解析返回的数据获得视频流或图片。另外一种场景是机器人处在家居环境以外的其他环境，此时可以选择远程监控模式。该模式下的功能实现是，机器人通过访问智能家居网关得到图像获取的服务，从而实现在机器人客户端远程查看监控图像的功能。

1. 本地查看模式

该模式下是机器人通过局域网直接向网络摄像头发送 HTTP 请求，并在机器人客户端解析网络摄像头返回的视频或图像数据，从而实现本地的安防监控功能。根据网络摄像头提供的 CGI，还实现了对网络摄像头的运动控制，如使摄像头向上、向下，向左、向右移动及快照和巡逻等功能，从而能够全方位地看到家居内的环境情况。表 7-2 和表 7-3 给出了网络摄像头 CGI 及 command 值说明。

表 7-2　网络摄像头 CGI 说明

名　　称	语 法 参 数	功　　能
Snapshot. cgi	/snapshot. cgi［? user = &pwd = &next_ url = ］ 参数：user/pwd 为用户名/密码，net_ url：图片的名称，通过该参数的设置可以获取不同的图片	获取当前图片信息
Videostream. cgi	/videostream. cgi［? user = &pwd = &resolution = &rate = ］ 参数： Resolution：图片分辨率；rate：图片数据传输速率	获取网络摄像头的视频流
Decoder_ control. cgi	/decoder_ control. cgi? command = ［&onestep = &degree = &user = &pwd = &next_ url = ］ 参数： onestep = 1 表示云台单步操作；command = 0 ~ 7 表示摄像头上下左右及相应停止操作	通过参数设置控制摄像头的转动

表 7-3　command 值说明

command 值	480 串口外协 pelco- d 解码器	内置电动机
0	上	上
1	停止上	停止上
2	下	下
3	停止下	停止下
4	左	左
5	停止左	停止左
6	右	右
7	停止右	停止右

根据上表提供的接口，下面以控制摄像头 1 向上运动为例，说明功能实现的过程。其具体实现代码如下：

```
    URL control =
newURL( http://192. 168. 1. 100:81/decoder_control. cgi? command =
"0" &onestep = 1&degree = 10&user = admin&pwd = 123 ) ;
    HttpURLConnection conn1 =
( HttpURLConnection) control. openConnection( ) ;
conn1. setDoInput( true) ;
conn1. connect( ) ;
```

```
InputStream is = conn1. getInputStream( );
is. close( );
```

2. 远程监控模式

该功能的实现是通过机器人终端远程访问智能家居网关并调用其提供的服务，从而实现图像视频的查看功能。智能家居网关程序的服务管理中心发布了基于网络的客户端访问API，包括 Restful 风格的 HTTP 访问、文本方式的 TCP 访问等服务。本系统远程监控功能实现中访问是基于 RestfulServcie 提供的 Web 服务的。RestfulServcie 的显著特点是服务器通过 URL 将资源暴露，智能移动终端通过 HTTP 请求就能完成服务的调用，具有非常高的伸缩性和灵活性。在本智能家居网关的 RestfulService 基地址是 http：//115. 25. 48. 254：8902/RestfulService/。HTTP 方式访问的地址是基地址 + 相对地址。其中，相对地址中 ｛｝ 括起来的部分使用真实的数据来替换，API 相对地址及说明见表 7-4。以本系统的功能实现为例进行说明，想要远程获得网络摄像头采集到的图像，只需要向固定 URL 进行访问即可，如查看摄像头 1 的监控画面，对应的 URL 地址为

http：//115. 25. 48. 254：8902/RestfulService/Devices/WebCamera2/Photo？clientId = phone

而如果想要控制摄像头 1 并使其左移，URL 地址为

http：//115. 25. 48. 254：8902/RestfulService/Devices/WebCamera1/Call？operationName = " Left " &clientId = phone

在得到了返回内容后，机器人客户端需要对返回内容进行解析，核心功能代码如下：

```
URL getImage = new URL( cam_url );
HttpURLConnection conn =
( HttpURLConnection ) getImage. openConnection( );
conn. setDoInput( true );
conn. connect( );
InputStream is = conn. getInputStream( );
Bitmap bitmap = BitmapFactory. decodeStream( is );
is. close( );
```

表 7-4　API 相对地址及说明

相 对 地 址	参　　数	返 回 值	说　　明
Gateway？clientId = ｛clientId｝	clientId： 客户端 ID	InvokeResult GatewayInfo	得到网关信息
Devices/｛deviceId｝？clientId = ｛clientId｝	deviceId： 设备 ID clientId： 客户端 ID	InvokeResultDictDeviceInfo	获得指定设备的信息
Devices/List？clientId = ｛clientId｝	clientId： 客户端 ID	InvokeResultDictDeviceInfo	获得设备列表

（续）

相 对 地 址	参 数	返 回 值	说 明
Devices/Count? clientId = {clientId}	clientId: 客户端 ID	InvokeResultInt	得到在线设备数量
Devices/{ deviceId }/OperationList? clientId = {clientId}	clientId: 客户端 ID deviceId: 设备 ID	InvokeResultAgent-OperList	获得设备操作列表
Devices/{ deviceId }/{ operationName }? clientId = {clientId}	clientId: 客户端 ID deviceId: 设备 ID operationName: 操作名字	InvokeResultAgent-Operation	获得设备某一操作信息
Devices/{deviceId}/Call? operationName = {operationName} &operParams = {operParams} &clientId = {clientId}	clientId: 客户端 ID deviceId: 设备 ID operationName: 操作名字 operParams: 设备操作参数	InvokeOperation-Result	调用设备操作，得到操作结果
Devices/{deviceId}/Picture/? clientId = {clientId}	clientId: 客户端 ID deviceId: 设备 ID	字节流形式的图像字符串	得到设备图像
Devices/{deviceId}/Photo? clientId = {clientId}	clientId: 客户端 ID deviceId: 设备 ID	字节流形式的图像字符串	摄像头拍照

摄像头 3 的操控子界面如图 7-6 所示。

图 7-6　摄像头 3 的操控子界面

7.6　娱乐关怀子系统的设计与实现

7.6.1　天气预报模块

　　基于对老年人的健康关怀，本系统实现了天气预报查询的功能，方便老年人随时查询天气状况并由此决定自己的外出着装。功能实现上是采用简易对象访问协议（Simple Object Access Protocol，SOAP）技术调用 WebService 方式，天气预报服务的数据来源为中央气象局提供的天气预报 Web 服务：WebXml. com. cn。该网站包含 2300 多个我国城市和 100 多个国外城市的天气预报，且数据每隔 2.5 小时左右就自动更新一次，非常准确可靠。其软件流程图如图 7-7 所示。

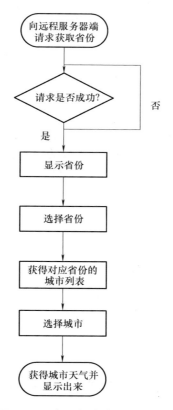

图 7-7　天气预报模块软件流程图

1. 准备工作

　　首先，为了进行 WebService 开发，需要美国谷歌公司提供的第三方开源项目 ksoap2- android。这个项目并没有直接集成在 Android 平台中，而是需要开发者自行在相关开发网站下载相应的 jar 包，如 ksoap2- android- assembly- 2. 6. 5- jar- with- dependencies. jar。得到 jar 包以后，需要在自己的项目中将之导入，之后就能开始 WebService 的开发工作了。

2. WSDL 文档

鉴于 ksoap2 是一个轻量级的第三方库，并不能够通过导入 WSDL 文档直接生成可调用的方法及自定义的复杂类型，因此需要自己分析服务端所提供的方法和输入/输出参数等。通过 WSDL 文档地址能够得到 WSDL 文档内容，可以发现 WSDL 文档就是一个 . xml 文件，其中包括的主要元素及说明见表 7-5 所示。

表 7-5　WSDL 文档主要元素及说明

元素	说　　明
Type	使用某种语法（如 XML 模型）的数据类型定义（String、int）
Part	消息参数
Message	要传递的数据
Binding	特定端口类型的具体协议和数据格式规范
Operation	服务支持的操作的特定描述
Port/Endpoint	绑定和网络地址的组合
Port Type/Interface	一个或多个端点支持的操作的抽象集

在开发过程中最关心的是服务的命名空间、方法名称、所需输入参数及返回输出参数。下面以本功能实现为例，在 WSDL 文档中找到需要的内容，可以看到 WSDL 文档中有个 targetNamspace 的标签，这个即为天气预报服务的命名空间：http：//WebXml. com. cn/。

```
▼<s:element name="getRegionProvince">
    <s:complexType/>
  </s:element>
▼<s:element name="getRegionProvinceResponse">
  ▼<s:complexType>
    ▼<s:sequence>
        <s:element minOccurs="0" maxOccurs="1" name="getRegionProvinceResult" type="tns:ArrayOfString"/>
      </s:sequence>
    </s:complexType>
  </s:element>
▼<s:complexType name="ArrayOfString">
  ▼<s:sequence>
      <s:element minOccurs="0" maxOccurs="unbounded" name="string" nillable="true" type="s:string"/>
    </s:sequence>
  </s:complexType>
```

图 7-8　WSDL 文档

如图 7-8 所示，方法 getRegionProvince 无须输入参数，调用该方法后能够返回 getRegionProvinceResult，类型为 ArrayOfString，且 ArrayOfString 是最小下标为 0、无最大下标的字符串数组。该开发过程中用到的函数接口及说明见表 7-6。其中，调用 getRegionProvince 方法返回的一维字符串数组结构为用英文逗号分隔的省份（直辖市、地区）和对应的 ID，即 Array[n] = "城市/地区，ID"；getSupportCityString 方法返回的一维字符串数组结构为用英文逗号分隔的城市或地区名称和对应 ID。如查询结果为空，输出 Array[0] = "无城市，000000"；getWeather 方法返回的一维字符串数组结构如下：

Array(0) = "省份地区/洲国家名(国外)"
Array(1) = "查询的天气预报地区名称"
Array(2) = "查询的天气预报地区 ID"
Array(3) = "最后更新时间格式:yyyy-MM-dd HH:mm:ss"
Array(4) = "当前天气实况:气温、风向/风力、湿度"
Array(5) = "第一天空气质量、紫外线强度"
Array(6) = "第一天天气和生活指数"
Array(7) = "第一天概况格式:M 月 d 日天气概况"
Array(8) = "第一天气温"
Array(9) = "第一天风力/风向"
Array(10) = "第一天天气图标 1"
Array(11) = "第一天天气图标 2"
Array(12) = "第二天概况格式:M 月 d 日天气概况"
Array(13) = "第二天气温"
Array(14) = "第二天风力/风向"
Array(15) = "第二天天气图标 1"
Array(16) = "第二天天气图标 2"
......
......每一天的格式同:Array(12)--Array(16)

如查询结果为空,输出以下结果:

Array(0) = "查询结果为空";

如出现错误将会有以下提示:

Array(0) = "发现错误:用户验证失败"
Array(0) = "发现错误:免费用户不能使用高速访问"
Array(0) = "发现错误:免费用户 24 小时内访问超过规定数量"

表 7-6　各函数接口及说明

函数方法名	说　　明	输 入 参 数	输 出 参 数
getRegionProvince	获得我国省份、直辖市、地区和与之对应的 ID	无	一维字符串数组 String（）
getSupportCityString	获得支持的城市/地区名称和与之对应的 ID	theRegionCode	一维字符串数组 String（）
getWeather	获得天气预报数据	theUserID，theCityCode	一维字符串数组 String（）

3. 调用步骤

在清楚天气预报的 WSDL 文档后，就能够使用 ksoap2 进行 WebService 的开发了，具体的调用步骤如下。

1）创建 HttpTranceportSE 对象，该对象用于调用 WebService 操作。

2）创建 SoapSerializationEnvelope 对象，构造函数的参数表明该对象是由 SOAP1.1 协议创建，且它代表的是一个 SOAP 消息的封装包。

3）创建 SoapObject 对象，创建该对象时需要 WebService 的命名空间和方法名两个参数。

4）如果调用的方法需要参数传递，则需要使用 SoapObject 对象的 addProperty（name，value）方法进行参数设置。其中，name 代表参数名称，value 为参数值。

5）调用 SoapSerializationEnvelope 对象的 setOutputSoapObject（soapObject）方法或是给 SoapSerializationEnvelope 对象的 bodyOut 属性赋值。

6）通过 HttpTransportSE 对象的 call 方法来调用服务器的 WebService。

7）调用完成后通过访问 SoapSerializationEnvelope 对象的 bodyIn 属性获得 WebService 的返回值，该值是一个 SoapObject 对象。通过解析该对象得到服务调用的结果。本部分获取天气信息的关键代码如下：

```
public static SoapObject getWeatherByCity( String cityName){
    final String methodName = "getWeather";
    final HttpTransportSE ht = new HttpTransportSE( SERVICE_URL);
    ht. debug = true;
        final SoapSerializationEnvelope envelope = new SoapSerializationEnvelope(
    SoapEnvelope. VER11);//使用 SOAP1.1 协议创建 Envelop 对象
    //实例化 SoapObject 对象
        SoapObject soapObject = new SoapObject( SERVICE_NS, methodName);
    soapObject. addProperty( "theCityCode", cityName);
    envelope. bodyOut = soapObject;
    //设置与.Net 提供的 Web Service 保持较好的兼容性
    envelope. dotNet = true;
        ht. call( SERVICE_NS + methodName, envelope);
        SoapObject result = ( SoapObject) envelope. bodyIn;
        SoapObject detail = ( SoapObject) result
        . getProperty( methodName + "Result");
        return detail;
}
```

在得到服务调用结果后，需要解析结果从而在机器人客户端显示所需的天气预报数据。由于该服务中返回的是字符串数组，只需要得到对应的数组项并取出内容即可，解析的关键代码如下：

```
private static List < String > parseProvinceOrCity( SoapObject detail){
```

```
ArrayList < String > result = new ArrayList < String > ( ) ;
for( int i = 0 ; i < detail. getPropertyCount( ) ; i ++ ) {
    //解析出每个省份
    result. add( detail. getProperty( i ). toString( ). split( " , " ) [ 0 ] ) ;
}
return result ;
}
```

7.6.2　多机协同模块

本模块实现了无线 WiFi 局域网条件下多个机器人之间的可靠通信,使得 3 台机器人或者更多机器人之间能够协同完成群体对话。鉴于用户数据报协议(User Data Protocol,UDP)是面向无连接的通信协议,具有效率高、速度快、占用资源少等优点,并且数据的发送面向整个网络,在局域网内的所有计算机都能够接收到相同的数据。所以,选择了通信时基于UDP 的数据传输方式,整个程序的过程大致如下:

1)在 3 台机器人的多机协同界面分别输入各自的角色和总的角色数目,并通过程序获取各自的 IP 地址。该部分是为了完成角色定位及总数统计功能,为后续任务开始的判定及机器人间的通信做准备。

2)在每个机器人上都创建一个 UDP 服务端,用来监听本地端口和循环接收数据包。程序开始后,各自建立广播任务,向其他机器人发送请求同步的消息;机器人通过 UDP 服务端收到来自其他机器人的请求同步消息后,将自身 IP 地址和角色名发送给其他机器人,并根据角色总数判定是否收到了所有来自其他机器人的请求回复。

3)如果一台机器人(如 1 号机)都收到了所有的请求回复,则取消发送同步请求,并且开始由非 1 号机向 1 号机发送已就绪消息;若没有收到全部的请求同步回复,则继续发送直到收到全部回复。

4)1 号机接收到所有角色的已就绪消息后,开始执行第一条指令,并在指令执行完成后,根据指令任务队列与角色、角色与 IP 地址的对应关系,发送消息告知下一条指令的执行者本条指令已完成,直到对方返回已收到,才停止发送;下一角色收到上条指令执行者发送的执行完毕消息后,首先判断是否是首次接收,如果是首次接收则判断上条指令是否已到达指令队列末尾,如果没有则执行当前指令并重复前面所述步骤。

5)下一角色发现上条指令已到达指令队列末尾,建立广播任务通知其他机器人任务结束,在收到所有其他机器人的回复后停止发送并结束服务端;其他机器人收到任务结束的广播后,回复收到,并结束服务端,程序执行完成。具体的程序流程图如 7-9所示。

7.6.3　健康管理模块

健康管理子系统(即健康管理模块)包括数据采集端、上位机程序、后台服务器端和Android 客户端四部分,如图 7-10 所示。

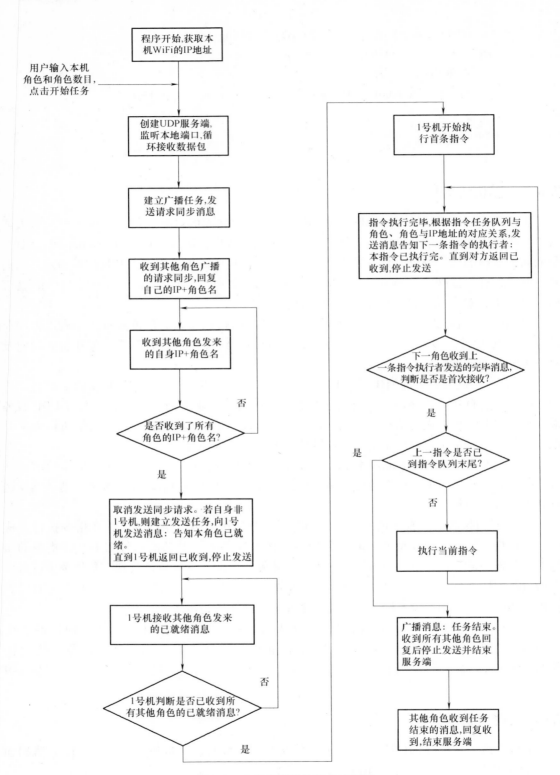

图7-9 多机协同模块程序流程图

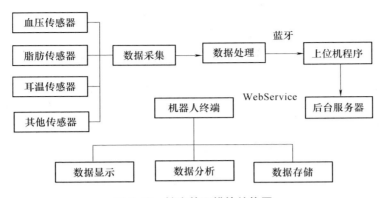

图 7-10 健康管理模块结构图

血压、耳温、脂肪、血氧等传感器主要是负责采集老年人的健康数据，采集完成以后按照事先制订的数据协议对数据进行封装处理，之后上位机程序就可以通过蓝牙接收各种传感器采集到的健康数据并对数据进行本地存储、分析和上传。本系统将健康数据上传到后台服务器端，机器人终端通过网络访问服务器提供的 Web 服务即可获得需要的健康数据。这里的主要工作就是设计与实现机器人客户端程序，把后台服务器端的健康数据在本地进行查看、存储和分析，使得用户在联网查看远程健康数据以后能够离线查看之前的所有数据。目前，可以获取的健康数据包括血压、体重、血氧、耳温、脂肪等，在这里以血压数据为例说明程序的整个开发过程。其程序流程图如图 7-11 所示。

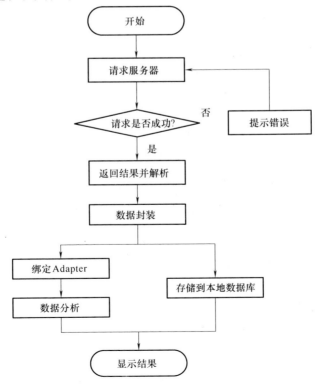

图 7-11 健康管理模块程序流程图

1. 从服务器端获取数据

主要用到的类为 HealthDataService，其结构图如图 7-12 所示。其中的 SERVICE_URL 是健康数据。

图 7-12　HealthDataService 结构图

图中，SERVICE_ URL 是服务的 URL 地址；NS 是服务的命名空间。通过 getBloodPressureDataById（String id）方法能够得到用户的血压数据，调用该方法需要用户的 ID 作为输入参数。服务器返回的结果 envelope. bodyIn 是一个 SoapObject 对象。通过调用 getProperty（String str）方法可以得到每一个属性的值。其参数 str 和返回的数据含义可以通过服务的 WSDL 文档分析得到。例如，参数 LowPressure 对应的是舒张压的值，这样就可以通过代码得到用户的舒张压，代码如下：

```
String lowpressure = ( ( SoapPrimitive ) bloodPressureSoap
                        . getProperty ( "LowPressure" ) ) . toString ( ) ;
```

2. 数据在机器人客户端的显示

鉴于服务器返回的数据长度是动态变化的，可选择 ListView 控件实现数据的显示。这是因为 ListView 的长度可以扩充并且可以整体上下滑动，非常适合数据显示的功能需求。使用 ListView 控件时首先需要数据源（获得的健康数据）和 ListAdapter，并且需要将 ListView 与 ListAdapter 绑定到一起。在这里，选择根据返回的数据格式创建自己的适配器，并使其继承 BaseAdapter。这种方式的扩展性和针对性较强，开发者可以根据需要对每一个 Item 布局进行设计。针对血压数据设计的 BloodPressureDataAdapter 结构如图 7-13 所示。

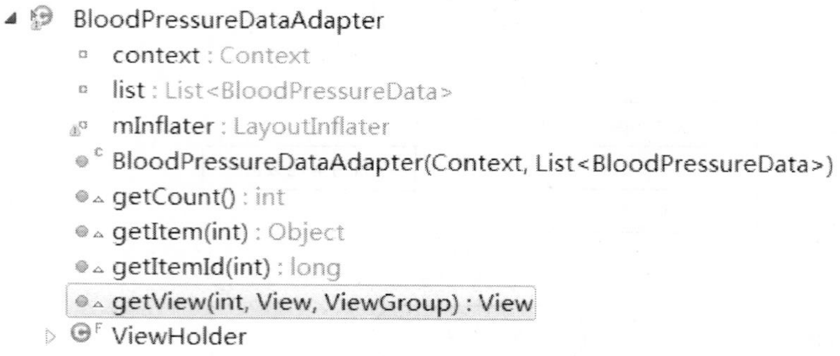

图 7-13　BloodPressureDataAdapter 结构图

3. 健康数据存储

Android 平台下的数据存储包括 SharedPreferences、文件、网络和 SQLite 数据库四种方式。SharedPreferences 是通过 key- value 形式进行一些简单的数据存储的，且存储数据类型只能为整型、字符串型等简单格式。文件是通过输入/输出流实现对 SD 卡的读写操作的。通过网络将数据提交到服务器，并在服务端进行存储。这里，鉴于数据的结构比较复杂，并且涉及数据的增、删、改、查操作，选择使用 SQLite 数据库来进行本地数据的存储。在 Android SDK 中进行数据库的开发，主要用到的类为 SQLiteOpenHelper 和 SQLiteDataBase。SQLiteOpenHelper 主要用于数据库的创建和升级，涉及的方法如下：

```
public abstract void onCreate(SQLiteDatabase db);
public abstract void onUpdate(SQLiteDatabase db, int oldVersion, int newVersion);
```

sSQLiteOpenHelper 的 onCreate 方法主要用来在新创建的数据库中建立表单、视图和数据库组件等，且该方法只在数据库文件第一次创建的时候调用。血压、体重、血氧、耳温、脂肪数据表的创建均是在 onCreate 方法中完成的。SQLiteDataBase 主要用于实现数据库的增、删、改、查操作，具体的实现方式有两种：一种是调用 executeSQL（String sql）和 executeSQL（String sql，Object［］ bindArgs）方法。其中，参数 sql 为根据需要编写的 SQL 语句，参数 bindArgs 为参数 sql 中使用占位符所对应的实际参数集。另一种是直接使用 SQLiteDataBase 提供的 insert、delete、update、query 方法实现数据库的增、删、改、查操作。

7.7　语音交互系统的设计与实现

本系统除了触摸交互方式以外，还采用语音交互作为另外一种主要的交互方式。本部分程序采用了科大讯飞开放云平台提供的语音接口，实现的功能包括语音识别、语音合成及语义理解。为了使用科大讯飞云平台提供的各种服务，首先需要在项目的 libs 文件夹下引入 SpeechApi. jar，使其集成到应用程序中；另外需要在工程的配置文件 AndroidManifest. xml 中添加一些必要的权限，如访问网络的权限、读取用户手机状态的权限及记录声音的权限等。下面说明一下语音识别和语音合成两个基本功能的实现，以及在此基础上的拓展功能实现。

1. 语音识别

经过一系列的初始化和参数设置后，可以开始编写语音识别程序，程序编写完毕就进行语音输入，这时会执行后台的语音识别程序模块。其程序流程图如图 7- 14 所示。

第一步，判断讯飞语音服务软件是否安装，如未安装需要下载并安装该软件。由于在开发语音功能时会用到该软件提供的相关功能，所以讯飞语音服务软件的安装是语音功能实现的前提。先把 SpeechService. apk 放到 assets 文件夹下，在用户第一次使用机器人服务软件时会提醒安装，在用户单击确认安装后，根据 SpeechService. apk 的存储路径会自动安装程序，这给用户提供了极大的便利。此功能的实现需要在配置文件 AndroidManifest. xml 中添加权限。其起代码如下：

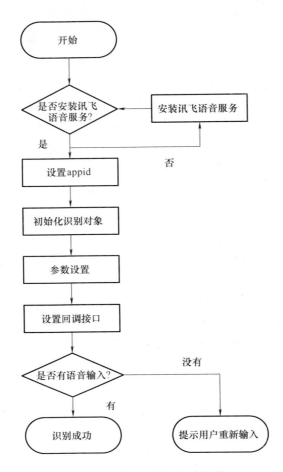

图 7-14 语音识别程序流程图

```
< uses- permission
android: name = " android. permission. WRITE_EXTERNAL_STORAGE"/>
< uses- permission
android: name = " android. permission. INSTALL_PACKAGES"/>
```

功能实现的关键代码如下：

```
AssetManager assets = context. getAssets( );
    InputStream stream = assets. open( "SpeechService. apk" );
            if( stream == null) {
                return false;
            }
            String folder = "/mnt/sdcard/Android/data";
            File f = new File( folder);
            if( ! f. exists( )) {
```

```
                    f. mkdir();
            }
        String apkPath
= "/mnt/sdcard/Android/data/SpeechService. apk";
            File file = new File(apkPath);
            if(! writeStreamToFile(stream, file)) {//往 SD 卡中写文件
                return false;
            }
            installApk(context, apkPath);//安装 apk 文件
```

第二步，需要设置申请应用的识别码，即 appid。appid 是开发者进行讯飞语音开发的通行证，是在开发前通过官网注册获得的，具有唯一性。相关程序代码如下：

```
SpeechUtility. getUtility(this). setAppid("4d6774d0");
```

第三步，初始化识别对象。实例化时能够设置语音云公网入口、网络连接超时时间等参数。

第四步，参数设置。目前能够设置的参数比较多，如设置识别引擎参数、识别时的采样率（一般只支持 rate8k 和 rate16k 两种）、返回文本是否包含标点、是否进行语义处理、语法名称及语法规则等。并且，本系统参数的设置能够进行手动选择设置，将选择的参数通过 SharedPreferences 保存起来，设置时再根据键值对从中取出的参数完成设置。参数设置代码如下：

```
mIat. setParameter(SpeechConstant. LANGUAGE,
    mSharedPreferences. getString("iat_language_preference", "zh_cn"));
        mIat. setParameter(SpeechConstant. VAD_BOS,
    mSharedPreferences. getString("iat_vadbos_preference", "4000"));
        mIat. setParameter(SpeechConstant. VAD_EOS,
    mSharedPreferences. getString("iat_vadeos_preference", "1000"));
    String param =
    "asr_ptt = " + mSharedPreferences. getString("iat_punc_preference", "1");
        mIat. setParameter(SpeechConstant. PARAMS, param + ",
        asr_audio_path = /sdcard/iflytek/wavaudio. pcm");
```

第五步，调用 startListening（RecognizerListener listener）方法设置回调接口。RecognizerListener 是一个接口，需要自己手动实现。最后，能够在回调接口的 onResult（RecognizerResult result, boolean isLast）方法中获得识别的结果。RecognizerResult 中还封装了返回结果的置信度，可以根据识别结果按照自身需求进行相应的处理。

2. 语音合成

通过后台运行的方式进行，主要使用 SpeechSynthesizer 类。使用过程与 SpeechRecognizer 类似，对 SpeechSynthesizer 实例化后，设置采样率、发音人、合成音量、合成语调、合成语速等参数，最后调用合成方法 startSpeaking（String text, SynthesizerListenermTtsListener）。其

中，text 为需要进行合成的文本，mTtsListener 为合成回调接口。

3. 扩展功能

在完成了语音识别和语音合成功能以后，对这两个功能进行了组合改进，完成了相关的拓展功能，主要包括，通过在数据库中写入规则完成对机器人、家电的控制及唐诗的背诵；基于文本的句模匹配——智能语音交互系统，具备天气查询、日程提醒、智能问答和百科名片四个功能。

（1）通过在数据库中写入规则，实现对机器人、家电的控制及唐诗的背诵

这种方法的优点是，可以利用数据库存储大量单词或语句，并且数据管理比较简单，能够在不改变程序的情况下通过数据库的增、添、改、查操作实现规则的修改和扩展，具有比较强的灵活性。数据库中部分规则及说明见表 7-7。其中，flag = 1 表示语音指令为机器人运动控制，在识别到相应的输入语音后，会把 answer 中的数字转换成 16 进制并调用封装好的机器人控制函数将其通过串口发送出去，从而实现对机器人的运动控制；flag = 2 表示语音指令为控制家电，识别到对应的语音指令后，会把 answer 中的数字（数字代表的是相应的家电控制红外指令码在万能遥控器的扇区地址）通过封装好的控制家电函数向万能遥控器发送出去，实现语音家电控制；flag = 0 表示问答式语音指令，本系统中能够实现唐诗背诵功能，识别到指令后只需将 answer 中的内容作为语音合成的文本内容进行合成即可。

表 7-7　数据库中部分规则及说明

规 则 编 号	ask	answer	flag
1	抬头	57	1
2	低头	58	1
3	向前看	59	1
4	向左看	54	1
5	向右看	55	1
18	开电视	1	2
19	关电视	2	2
37	打开一号灯	21	2
38	关闭一号灯	22	2
48	春晓	春眠不觉晓，处处闻啼鸟。夜来风雨声，花落知多少。	0
49	咏鹅	鹅鹅鹅，曲项向天歌。白毛浮绿水，红掌拨清波。	0

这部分语音功能实现的关键代码如下：

```
String recognize = new String( array,"UTF-8");//获得识别到的内容
String sql_flag = "select flag from voiceData where ask = ?";
String sql_answer = "select answer from voiceData where ask = ?";
Cursor cursor_flag = database. rawQuery( sql_flag,new String[]{recognize});
Cursor cursor_answer = database. rawQuery( sql_answer,new String[]{recognize});
if( cursor_flag. getCount() >0){//获得表中的 flag 值
    cursor_flag. moveToFirst();
```

```
String tableflag = cursor_flag. getString( cursor_flag. getColumnIndex( "flag" ) ) ;
    cursor_flag. close( ) ;
    }
if( cursor_answer. getCount( ) > 0) {//获得表中的 answer 值
    cursor_answer. moveToFirst( ) ;
    String result = cursor_answer. getString( cursor_answer
                                    . getColumnIndex( "answer" ) ) ;
                cursor_answer. close( ) ;
                }
                if( tableflag. equals( "0" ) ) {
                    function. robot_spk( result ) ;
                    }
else if( tableflag. equals( "1" ) ) {
                HardwareControler. write( fd_serial, new byte[ ] {stringToByte( result ) } ) ;
                }
else if( tableflag. equals( "2" ) ) {
                sendDataToInstruction( result ) ;
                }
```

（2）基于文本的句模匹配——智能语音交互

在数据库中制订语法规则的功能实现方式中，用户的语音输入必须和数据库的内容相匹配，这样带来了很大的限制。所以，基于问答系统思想，这里利用了科大讯飞提供的接口对输入语音进行分析，并初步实现了智能语音交互。语音输入完成以后，返回用 html 标记语言进行描述的语义框架协议，其协议组成如图 7-15 所示。

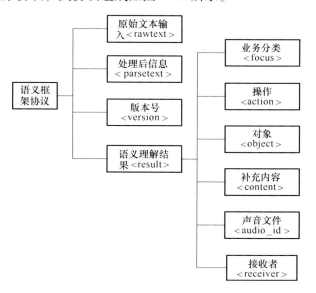

图 7-15　语音框架协议组成

在智能语音交互中要提供日程提醒、查看天气、百科名片和智能问答四个功能，而要实现这些功能，需要制订并了解相关规则。

1）兴趣点（focus）描述规则，直接标记出兴趣点名称即可，如＜focus＞weather＜/focus＞，其业务分类及说明见表7-8。

表7-8　兴趣点描述规则的业务分类及说明

名　　称	业 务 描 述	典型用户输入
schedule	创建或查看提醒	提醒我上午10点开会
weather	查询某城市天气	今天北京天气怎么样
dialogue	智能问答	你叫什么名字

2）动作（action）描述规则。动作有两个子标签operation和channel。其中，operation是要进行的操作，channel指操作的工具或是所用的方式，如在谷歌（google）网页搜索北京科技大学，描述如下：

```
＜action＞
＜operation＞search＜/operation＞
＜channel＞google＜/channel＞
＜/action＞
```

3）对象（Object）描述规则。对象有多个子标签对其进行修饰，但其中心成分一般使用标签＜name＞表示，＜name＞根据不同的业务类型而具有不同的含义。

4）时间描述规则。时间标签＜datetime＞，包含两个子标签：日期＜date＞（需要能强制转换成日期，不能出现无意义的描述）和时间＜time＞（需要能强制转换成时间，不能出现无意义的描述）。其中，＜date＞的格式为YYYY-MM-DD；＜time＞为24小时制，格式为HH：MM：SS。描述示例如下：

```
＜datetime＞
＜date＞2014-09-11＜/date＞
＜time＞20：00：00＜/time＞
＜/datetime＞
```

5）实现的业务语义框架协议及功能。在对各个描述规则介绍之后，还需要知道各业务的语义框架协议才能展开后续的开发工作，下面对实现的业务语义框架协议及功能实现进行说明。

①日程语义框架协议，见表7-9。

表7-9　日程语义框架协议

字　　段	取　　值	表　　意	备　　注
focus	Schedule		必填
action. operation	Create		必填
object. name	Reminder/clock		必填

（续）

字　　段	取　　值	表　　意	备　　注
object. datetime	YYYY-MM-DD HH：MM：SS	闹钟时间/ 日程开始时间	可选
object. datetime	YYYY-MM-DD	日程结束时间	可选
object. repeat	once/everyday/w3/w1-w5/m10	"一次性" "每天" "每周几" "周几到周几" "每月几号"	可选
content	任意文本	提醒内容	可选

　　下面举例说明。语音输入"提醒我明天 6 点起床"，就会得到一个返回的 . xml 文件，能够根据 < result > 标签中的 < datetime > 获得提醒时间，并从 < content > 标签中获得提醒的内容；那么就能将提醒时间及提醒内容保存到数据库中，并在程序后台设置一个定时器，每隔一段时间就扫描一次数据库，查看当前时间里是否有备忘事件需要提醒，如果有就会以语音形式播报出来，从而达到语音提醒的效果。现在大多数提醒功能都是记事本形式的，用户需要事先手动输入备忘事件并保存，之后软件才会进行定时提醒。然而，本系统服务软件能够通过语音输入备忘的形式进行智能提醒，减少了用户输入文字的操作负担，具有便捷性和灵活性。语音输入后返回的 . xml 文件如下：

```
< rawtext > 提醒我明天 6 点起床 </rawtext >
< result >
< focus > schedule </focus >
< action >
< operation > create </operation >
</action >
< object >
< name > clock </name >
< datetime >
< date >2014-9-30 </date >
< time >06：00：00 </time >
</datetime >
</object >
< content > 起床 </content >
</result >
```

　　② 天气语义框架协议，见表 7-10。

表 7-10　天气语义框架协议

字　段	取　值	表　意	备　注
focus	weather		必填
action. operation	query		必填
object. location. province		省	必填
object. location. city		市	可选
object. location. area		县区	可选
object. location. landmark		地点	可选
object. datetime	YYYY-MM-DD HH：MM：SS	时间	可选
object. datetime	YYYY-MM-DD	结束时间	可选

下面举例说明。语音输入"上海明天天气怎么样",就会得到如下的. xml 文件,能够根据 < result > 标签中的 < datetime > 中的 < date > 标签获得进行天气预报的日期,通过 < city > 标签获得预报天气的目标城市,将这些参数传递到封装好的获取天气状况的函数中,即可获得查询对应地区的天气状况,并将结果语音播报出来。这种方式能够实现语音询问天气的功能,减少了手动选择的烦琐。语音输入后返回的. xml 文件如下:

```
< rawtext > 上海明天天气怎么样 </rawtext >
< result >
< focus > weather </focus >
< action >
< operation > query </operation >
</action >
< object >
< location >
< city > 上海 </city >
</location >
< datetime >
< date >2014-9-30 </date >
</datetime >
</object >
</result >
```

③ 百度名片和智能问答的语义框架协议见表 7-11 和表 7-12。

表 7-11　百度名片语义框架协议

字　段	取　值	备　注
focus	dialogue	必填
object. topic	namecard	必填
object. name	百科词条	必填
content	百科名片内容	必填
audio_ id	对应声音文件	可选

表 7-12　智能问答语义框架协议

字　段	取　值	表　意	备　注
focus	dialogue		必填
object. name	任意文本	问题	必填
content	任意文本	回答	必填
audio_id	8 位数字	回答的语音文件	可选

　　这两种形式的语音输入后，均会返回包含 < content > 标签的. xml 文件，将标签中的内容作为语音合成的文本，可实现百度名片或智能问答的功能。考虑到本系统为智能家居平台环境，本系统在智能问答的功能上还进行了扩展，从返回的. xml 文件的 < rawtext > 标签中获得语音输入的原始内容，根据自己制订的语法规则从中找到关键词，对机器人或者家电进行相应的控制，从而完成语音智能控制功能。这种方式下，只需语音输入中包含关键词，而无须固定问答即可进行相应控制。这两种功能的实现使得机器人更具有趣味性和实用性，能完成一些日常的知识搜索，以及智能聊天和控制。

7.8　系统测试与分析

　　家居服务机器人系统是一个以智能家居环境为背景的复杂系统，由机械结构本体、底层硬件系统、设备驱动程序、操作系统平台和应用程序组成。因此，其结构的复杂性、设备的多样性、网络连接的异构性等都造成了系统调试的不易。

7.8.1　系统调试与分析

1. 科大讯飞语音合成

　　【问题】如图 7-16 所示，在利用科大讯飞云平台提供的接口进行语音合成功能开发时，根据开发文档编写程序后总是不能成功合成，并且提示错误输入。

　　【分析】将控件 SpeechSynthesizer 的初始化与语音合成放在一起，使得还没有初始化成功就让其进行语音合成，从而导致合成失败。

　　【解决方法】将控件的初始化放在类 SpkMission 的构造函数中，而将语音合成放在类 SpkMission 的函数 robot_spk( ) 方法中，这样在创建类的实体时进行了初始化，而在调用类的实体的方法时进行了语音合成，从而有效地将两者分离开来，成功地完成了语音合成。

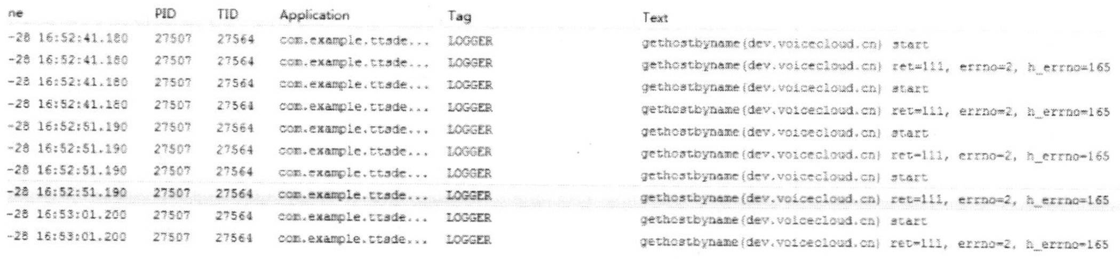

图 7-16　语音合成失败显示界面

2. 机器人运动控制

【问题】在通过移动终端对机器人进行运动控制时，第一次能够接收指令并做出正确的响应，之后再次发送指令，机器人不做任何反应，当时编写的部分代码如下：

```
while(true){
            Socket s = ss. accept();//此行代码会阻塞,将一直等待别人的连接
            InputStream   in = s. getInputStream();
            OutputStreamout = s. getOutputStream();
            while(true){
ByteArrayOutputStream output = new ByteArrayOutputStream();
            byte[]buffer = new byte[1024];
            int n = in. read(buffer);
            if(n！=-1){
                 output. write(buffer,0,n);
            }
}
```

【分析】通过串口小助手调试发现，第二次发送指令时串口助手接收的仍然是第一次的指令，于是知道是第 5 行的 while（true）死循环了，使得程序一直循环在第一次指令的接收上。

【解决方法】设置一个标志位 flag，在进入循环前将其置为 true；在指令接收完成后，将 flag 置为 false。

3. 多机协同

【问题】第一次三台机器人能够正常完成群体对话（群口相声的表演），但是在返回主界面再次进入该功能模块让它们进行表演时，却发现程序总是运行一会儿后就崩溃了。

【分析】通过对程序进行调试，发现定时器和任务对象是空指针，可是它们在之前都已经进行过创建。分析后知道机器人由于硬件资源不足会定时自动回收一些资源，从而出现空指针现象。

【解决方法】在用到定时器和任务对象的地方，都进行重新创建。

7.8.2　系统功能测试

1. MD5 加密测试

用户的信息在上传到服务器及在本地进行存储时，均会通过 MD5 加密算法对信息进行加密保护，为了测试加密算法的正确性及实用性，多次通过输入不同形式和位数的密码来测试算法的正确性，发现均能获得固定位数的加密结果。这样就使得即使密码泄露与拦截，黑客也得不到用户的原始输入密码，从而对用户密码进行了有效的保护。表 7-13 给出了 MD5 加密测试表格。

2. 开机自启动测试

由于 mini210 开发板开机画面是系统默认显示所有应用程序，使得老年人需要翻页查找应用及打开程序，整个过程烦琐且不便，因此本系统实现了机器人服务程序的开机自启动。为了进行自启动测试，选择了以 Android 操作系统为软件平台的不同移动终端进行测试，包

括机器人、不同型号与分辨率的手机和平板式计算机，发现均能实现开机自启动。

表 7-13 MD5 加密测试表格

原始密码	加密后密码	原始密码	加密后密码
6	5a880faf6fb5e608	maxiaowen123	c0c60bf36425142a
12	6fe97759aa27a0c9	123_maxiao	e18501e191474328
3456	3199be5e18060bb3	A	e7a70fa81a5935b7
56789	8ea9666a7da21772	ABCde123	86fca9a5dc6bedc5
567891	5b6736dcb7db16fd	a	c0f1b6a831c399e2
2345678	d68fda9d831facc0	（maxiaowen）	71f1569a94e50174
maxiaowen	6fda257375383f5f	*&$#	ca10910da08178ca

3. 机器人控制测试

对机器人进行控制实现的方式有三种：根据手机方位控制、手机界面 Button 按钮和语音。其功能主要有对机器人进行前进、后退、左转、右转的运动控制，向左、向右、向上、向下、居中的头部控制，眼睛、耳朵、嘴巴亮灭的传感器控制，以及唱歌、跳舞等的智能控制。在确定了与机器人进行交互通信的 IP 地址和端口号后，分别使用三种方式对机器人进行了控制，测试结果如表 7-14 所示。

表 7-14 机器人控制测试结果

调 试 项 目	手机按钮控制	手机晃动控制	语 音 控 制
前进	成功	成功	成功
后退	成功	成功	成功
左转	成功	成功	成功
右转	成功	成功	成功
头部向上	成功	成功	成功
头部向下	成功	成功	成功
头部向左	成功	成功	成功
头部向右	成功	成功	失败
头部居中	成功	成功	成功
眼睛打开	成功	成功	成功
眼睛关闭	成功	成功	成功
唱歌	成功	成功	成功
跳舞	成功	成功	成功
停止	成功	成功	成功

通过手机对机器人进行控制，功能都能实现，且成功率达到 100%；在语音控制机器人的过程中，有时会出现指令执行错误的情况，经过调试发现是语音识别错误所致，但只要在语音输入时控制自己的语速和发音就能有效解决问题，识别错误率能够人为控制且在可接受范围之内。

4. 智能家居功能测试

对于机器人客户端智能家居功能的实现，重点是测试稳定性。因此，通过机器人对不同设备进行了操作，并将具体的操作结果做了统计（见表 7-15）。可以看出，操作各个设备的成功概率都在 90% 以上，因此该功能具有比较高的稳定性。考虑到家居环境内的网络环境不好、家电设备和万能遥控器之间的红外通信因障碍物而受到干扰及万能遥控器程序运行的稳定性等因素，操作失败的概率在允许范围以内，并不影响用户的使用。

表 7-15　控制家电结果统计表

序　号	操作动作	次　数	设备响应成功
1	打开电视	30	28
2	增加频道	30	30
3	减少频道	30	30
4	关闭电视	30	29
5	打开空调	30	29
6	增加温度	30	29
7	降低温度	30	30
8	关闭空调	30	30
9	控制摄像头	30	28
10	获取摄像头图片	30	30

5. 健康数据采集测试

对于健康管理模块，主要测试机器人客户端显示的健康数据采集时间及数据结果分析是否正确。整个测试过程是用户首先使用血氧测量仪进行为期 3 分钟的测量，根据设备的数据上传频率（30 秒/次）可以知道上传数据应该为 6 条。上传完成以后，使用服务软件查看血氧数据，如图 7-17 所示。可以看到在测量时间 2013-01-31T11：35：19 到 2013-01-31T11：

37：55 之间共显示了 6 条数据，且相邻两条数据之间的时间间隔为 29～31 秒，与数据上传的时间误差在 1 秒以内，符合实际需要。在本次测量结果中，用户的第一条与最后一条数据显示异常。参照人体生理数据检测标准，心率低于 60 次/分为窦性心动过缓。但在实际测试过程中，尤其在用户刚开始使用和停止使用设备时会存在测量误差，因此数据分析的正确性能够满足用户需求。

王鲁的血氧数据如下：			
测量时间	血氧	脉率	结果
2013-01-31T11:37:51	91	51	异常
2013-01-31T11:37:19	98	80	正常
2013-01-31T11:36:49	91	79	正常
2013-01-31T11:36:20	94	75	正常
2013-01-31T11:35:50	96	73	正常
2013-01-31T11:35:19	93	48	异常
2013-01-31T11:34:55	99	80	正常
2013-01-31T11:32:01	99	75	正常

6. 环境信息采集功能测试

环境信息采集功能只要是在机器人上层获取传感器的温度值、湿度值和光照强度值。单击主界面的环境监测选项进入环境监测界面，如图 7-18 所示。温湿度传感器和光照传感器会在环境参数发生变化时自动向上层传送数据。

图 7-17　用户血氧数据测试结果

图 7-18 环境监测界面

在进行功能测试时，选取了一天中的不同时段，这样做是为了保证检测传感器工作的稳定性，确保获取的环境参数准确可靠。表 7-16 给出了传感器采集数值与环境实际值的对比。

表 7-16 传感器采集值与环境实际值的对比

传 感 器		调 试 值	环境实际值
温度/℃	上午	10	11
	中午	20	16
	下午	15	13
湿度（相对湿度）	上午	35%	39%
	中午	22%	27%
	下午	30%	34%
光照/lx	上午	175	200
	中午	320	300
	下午	134	150

可以看出，传感器采集值与环境实际值存在一定误差，原因是传感器在进行测量时受到机器人自身的一些影响。但是，误差值是较小的，可以反映一天内家居环境的实际情况及变化趋势。

7.8.3 系统性能测试

对机器人客户端程序的性能主要进行了稳定性、容错性和并发性三方面的测试，具体的测试方法和结果见表 7-17。

表 7-17　程序性能测试方法和结果

测 试 内 容	测 试 方 法	测 试 结 果
稳定性	程序在不同机器人上连续运行 10 小时，并保持与服务器端的数据交互	无异常
	连续不断操作当前程序，通过 Eclipse 自带的 DDMS 调试工具观察是否存在内存溢出情况	数据对象（data object）的大小（Total Size）稳定在 1.5 ~ 2.5Mb 之间，程序运行稳定，无内存溢出现象
并发性	使用多个终端程序同时连接服务器，请求连接并获取信息	客户端使用正常，相关之间操作无干扰
容错性	频繁输入错误的数据格式，给服务器发送非法数据	客户端和服务器均无异常
	在连接服务器过程中断开网络连接	提示用户设置网络连接

通过上述测试内容可以看出，系统的整体性能基本上可以达到设计目标和满足使用要求。

参 考 文 献

[1] 刘海涛，等. 物联网技术应用 [M]. 北京：机械工业出版社，2011.

[2] 王志良，王粉花，等. 物联网工程概论 [M]. 北京：机械工业出版社，2011.

[3] 张凯，张雯婷，等. 物联网导论 [M]. 北京：清华大学出版社，2012.

[4] 敖志刚. 智能家庭网络及其控制技术 [M]. 北京：人民邮电出版社，2011.

[5] 李联宁. 物联网技术基础教程 [M]. 北京：清华大学出版社，2012.

[6] 陆洋. 智能家居中的业务及关键技术 [J]. 电信技术，2010 (5).

[7] 王志良，姚红串，霍磊，等. 物联网技术综合实训教程 [M]. 北京：机械工业出版社，2014.

[8] 杨丰，等. 软件工程理论与应用 [M]. 北京：北京大学出版社，2010.

[9] Robert E. Filman, Tzilla Elrad, 等. 面向方面的软件开发 [M]. 莫倩，王恺，刘冬梅，等译. 北京：机械工业出版社，2005.

[10] 张玉，张红艳.《软件工程》实践教学模式的研究与探索 [J]. 中国科教创新导刊，2013 (35).

[11] 王彦丽，骆力明. 软件测试理论与软件测试实践教学体系探索 [C]. 第三届全国软件测试会议与移动计算、栅格、智能化高级论坛论文集，2009.

[12] 张海藩，等. 软件工程导论 [M]. 北京：清华大学出版社，2001.

[13] 王志良，等. 物联网现在与未来 [M]. 北京：机械工业出版社，2010.

[14] 李界家. 智能建筑办公网络与通信技术 [M]. 北京：北京交通大学出版社，2004.

[15] 张云. 基于 ARM 的智能家居控制远程监控系统研究与实现 [D]. 阜新：辽宁工程技术大学，2009.

[16] 杨晨. 嵌入式智能家居控制系统的研究 [D]. 哈尔滨：哈尔滨理工大学，2007.

[17] 谭鹏柳，舒坚，吴振华. 一种信息 物理融合系统体系结构 [J]. 计算机研究与发展，2010 (S2).

[18] 沈苏彬，范曲立，宗平，等. 物联网的体系结构与相关技术研究 [J]. 南京邮电大学学报：自然科学版，2009，29 (6).

[19] 王志良，王鲁. 物联网终端技术 [M]. 北京：机械工业出版社，2013.

[20] 普雷斯曼. 软件工程：实践者的研究方法 [M]. 7 版. 郑人杰，等译. 北京：机械工业出版社，2011.

[21] 米里特. ASP. NET 设计模式 [M]. 杨明军，译. 北京：清华大学出版社，2011.

[22] Andrew Troelsen. C#与. NET 4 高级程序设计 [M]. 5 版. 朱晔，肖逵，姚琪琳，等译. 北京：人民邮电出版社，2011.

[23] 张骏，崔海波. ADO. NET 数据库应用开发 [M]. 北京：机械工业出版社，2008.

[24] 徐孝凯，贺佳英，等. 数据库基础与 SQLServer 应用开发 [M]. 北京：清华大学出版社，2008.

[25] Bill Evjen, Scott Hanselman, Devin Rader. Professional ASP. NET 3. 5 SP1 In C# and VB [M]. New-York：Wiely，2009.

[26] Steven Standerson, Adam Freeman, etal. Pro ASP. NET MVC 3 Framework [M]. Berkeley：Apress，2012.

[27] Robin Dewson. SQL Server 2008 基础教程 [M]. 董明，等译. 北京：人民邮电出版社，2009.

[28] 陈哲，杨成立，龚涛，等. ASP. NET 程序员成长攻略 [M]. 北京：中国水利水电出版社，2007.

[29] Ross Harmes, Dustin Diaz. JavaScript 设计模式 [M]. 谢廷晟，译. 北京：人民邮电出版社，2009.

[30] Karl Watson, Christian Nagel, 等. C#入门经典 [M]. 5 版. 齐立波，译. 北京：清华大学出版社，2006.

[31] 杨丰盛. Android 应用开发揭秘 [M]. 北京：机械工业出版社，2010.

[32] Hoog, Andrew. Android Forensics：Investigation, Analysis and Mobile Security for Google Android [M]. NewYork：Alpha Books，2010.

[33] Ben Shneiderman, Catherine Plaisant. 用户界面设计——有效的人机交互策略 [M]. 张国印，李健利，

汪滨琦，等译. 北京：电子工业出版社，2009.

［34］姚昱旻，刘卫国. Android 的架构与应用开发研究［J］. 计算机系统应用，2009，11：37-39.

［35］Froehlich，Christopher. The Complete Idiot's Guide to Android App Development［M］. NewYork：Alpha Books，2011.

［36］刘昌平，范明钰，王光卫，等. Android 手机的轻量级访问控制［J］. 计算机应用研究，2011，3：25-29.

［37］公磊，周聪. 基于 Android 的移动终端应用程序开发与研究［J］. 计算机与现代化，2010，7：18-23.

［38］孙卫琴. 精通 Hibernate：Java 对象持久化技术详解［M］. 2 版. 北京：电子工业出版社，2010.

［39］O'Reilly & Associates. Java Cookbook［M］. Upper Saddle River：Prentice Hall，2007

［40］计文柯. Spring 技术内幕 深入解析 Spring 架构与设计原理［M］. 北京：机械工业出版社，2010.

［41］李刚. 轻量级 Java EE 企业应用实战——Struts 2 + Spring 3 + Hibernate 整合开发［M］. 3 版. 北京：电子工业出版社，2011.

［42］Bruce Eckel. Thinking in java［M］. 4th editon. Upper Saddle River：Prentice Hall PTR，2007.

［43］Cay S. Horstmann. Gary Cornell. Core Java［M］. Upper Saddle River：Prentice Hall，2008.

［44］宁焕生，张彦. RFID 与物联网［M］. 北京：电子工业出版社，2008.

［45］周兴社，於志文. 面向老年人生活的智能辅助［J］. 中国计算机学会通讯，2010，6（6）：57-67.

［46］龙丹，褚喜之. 浅析中国人口老龄化问题［J］. 经济研究导刊，2013（22）：199.

［47］王欣. 跨平台移动应用研究与实现［D］. 北京：北京邮电大学，2013.

［48］周红. 基于物联网的远程健康监护服务系统设计与实现［D］. 上海：复旦大学，2010.

［49］Tae-Woong Kim，Hee-Cheol Kim. A healthcare system as a service in the context of vital signs：Proposing a framework for realizing a model［J］. Computers and Mathematics with Applications，2012：1324-1332.

［50］Marcin Bajorek，Jedrzej Nowak. The role of a mobile device in a home monitoring healthcare system［C］. Proceedings of the Federated Conference on Computer Science and Information Systems，2011：371-374.

［51］Jung，S. J. Wireless Mashine-to-Mashine Healthcare Solution Using Android Mobile Devices in Global Networks［J］. Sensors Journal，IEEE，2013：1419-1424.

［52］汪宇，吕卫，杨博菲，等. 基于 Android 平台的智能家居监控系统［J］. 电视技术，2012（2）：36.

［53］闫锋，邹旭，李熹，等. 基于 Android 系统的类人机器人设计与开发［J］. 机电工程技术，2013，42（05）：1-6.

［54］蔡奕彬，陈智威，杨沛钊，等. 基于 WebService 的 Android 餐饮点菜系统的设计与实现［J］. 计算机与现代化，2013（04）：120-124.

［55］华哲邦，李萌，赵俊峰，等. 基于时间序列分析的 WebService QoS 预测方法［J］. 计算机科学与探索，2013（03）：218-226.